凡例

一 近世家庭中每遇客至宴會。必上館子。借重庖人。或不事家政。而諉諸僕役。甚有夫妻二人。亦以同上菜館爲闊綽。爲時髦。此實非經濟辦法。並且失却家庭幸福之意義。本書特將家庭日常飲食之烹調常識。一一敍列。以供學習或主持家政者之應用。

一 本書計凡七編。第一編專述對於飲食應具之常識。自第二編起至第七編止則分類節述關于各種食品之烹調法則。依食物之時令。順序列述。閱者按圖索驥。一翻即得。既可日常練習。亦可臨時參考。

一 本書包羅各種食物之烹調方法。計凡五百餘種。共五萬餘言。均係切合吾國家庭普通實用。所採各種法則。務求簡易而明曉。尤以經濟爲主旨。倘閱者觸類旁通。變化無窮。取用不盡。必得美滿之効果。

五百種食品烹製法目次

十 魚類之烹調法……四九

十一 蝦蟹類各種烹調法……六八

第五編 蔬菜烹調法……八三

第七編　各種點心烹調法……一〇九

五百種食品烹製法

古越方笛舫編

第一編 總論

一 飲食略說

民以食爲天，吾人之生活必需品中，除水及空氣而外。最不可缺少者爲食物。而食物之必要條件，則爲須合於胃臟之易於消化，幷富於營養，而又適合口味，此等條件，吾人當視爲有極重大之意義，而應注意之。且不可不加以研究。故烹調之法。實人生必具之常識也。

二 女子與烹飪法

近代女子之讀書者，往往不習家務。故于家政方面，殊少研究。彼新式女子對於烹飪一事，尤不喜爲，蓋渠輩以爲廚下治肴，衣服易染不潔。而事又繁屑。何必親自操勞，委諸僕婦，自無不可也。然吾人須知飲食之物，直接入於內臟，對於人體之健康，關係至鉅，彼不良之食物，雖無劣味。已乏營養之力，或雖有營養之力。而烹調不得其法。致不易消化。普通僕婦能治膳者，又多粗心不潔，況若輩非能永久執役於吾家者。一旦他去，則新來者未諳主人之嗜好，仍多不如意之處。或僕婦略不經意，以將近腐化之物，及含有毒菌之物進食。爲主婦焉得時時細察此種食物，小則發生疾病，大則危及生命。是時爲主婦者，責無旁貸，悔已無及矣。是故爲主婦者，對於家庭烹飪，非至不得已時，不可委諸他人，蓋主婦既負中饋之責，則家庭祭享宴會以及日常三餐，所有肴饌羹湯之烹調，胥主婦自賴，此烹調法之所以不可不注意也。夫同一酒料，同一食品，做作之清潔，配合之得宜，火候之合度與否，味之美惡判焉。凡此種種，均非一朝一夕所能得心應手，故爲主婦者，對于烹飪一事，首重練習，此不但個人不受僕婦之欺矇與挾制，即以一家言，有老人與兒童者，最須有適當之食品，始可獲得良好之營養。丈夫終日在外工作辛勞，爲主婦者尤須體察其嗜好，常擇易於消化之食物，親手調製，既足以表親愛，又可增進其食量，彼雖終日勤勞，亦可解慰於餐時矣，此外家中偶有宴請親友聚餐，若主婦不善烹飪，勢必假手於菜館之庖人，破費既多，而菜味未必合口。如主婦於平日能不憚麻煩，勤習有素，則一旦客至，主婦即可選購時鮮蔬菜，親調肴饌，以供賓客，既較菜館省費，尤能表現女子之技能。故主婦善於烹飪，不獨於飲食衛生上大有裨益，且足使家庭快樂，及便利宴客也。

三　食物之選擇法

人之體質有寒熱，胃臟有強弱，食性既各有不同，年齡又有老少之別，凡物品之選擇與配合，互有異同，勢難執一。欲求合于口味，消化，滋養，種種。全在選擇與烹飪之得宜，今之談衛生者，輒曰飲食宜慎，此無他。良以人體之營養分，全恃乎飲食物之補益，苟一不慎，則疾病因之而生，生命亦因之而危矣。嘗見啖腐魚而起泄瀉，食毒菌而傷生命者，不亦危乎。是以食品之選擇方法，亟宜講求也。今分類略述之。

（一）米類　米為食品中之最重要者，有粳米糯米兩種。粳米之中，又有早米，晚米，早稻米之別。粳米質之優劣，相差甚巨，其關于身體之補益，亦隨而殊，優者量重而質堅，劣者量輕而質脆，優者有剛性，搗之不易碎，劣者則反是，視其外表，如顏色光潤，顆粒均勻細長，而其兩端不尖者為上品，凡顏色亂雜，粗細不勻，而無光澤者，皆可判為下品也。米中所含者為蛋白質，維他命，與澱粉質。而蛋白質多在糠中，若多去糠皮，專取白米，則蛋白質亦隨之減少，所餘者僅澱粉。然若以口味言之，糙米不及白米。以滋養言之，則白米不如糙米。鄉農所食者，大都為糙米，然其體力每較都市之人為強壯，實原於此也。至若糯米，則以現脂白色者為良。香粳米，以帶有清香氣者為良。

(二)麥類　麥有大麥小麥兩種。吾人通常所食者大都為小麥。我國向來南方人食米，北方人食麥，實則麥之養料，與米同。然其價格則較米為廉。歐美各國之麵包，俱係麥製。實居食物之大部。小麥之成分，中心為澱粉塊。再外為蛋白質。其最外皮則為礦物質之構成物。人之取為食物者。注重在其澱粉與蛋白。一般人之食小麥粉，多喜取其純白；此為富澱粉之證。若略帶褐色，則多蛋白質。方為富於營養也。

(三)獸類　無論何種獸肉，凡變色者，生臭氣者，少肉質者，滲液汁者，俱足為疾病之媒，其害非淺，均不宜購食也。茲分述各種獸肉之鑑別標準如次。

【牛肉】　牛之種類，有水牛，黃牛，赤牛，短角牛，瑞士牛，荷蘭牛等種。其肉之成分，以蛋白及脂肪爲主，西人視爲最上之肉食品。惟其病死及自死者，有大毒。切不可食。其肉色非深赤，而略現淡紅色者。以指頭壓之，覺有強固之彈力。且指上不着溼者爲良。若經指頭所壓之處，其凹處能即時還復者。更佳。經放置歷一日許，而肉色不變，其表面乾而無液體滲出，又無臭氣者爲良。若肉之紅色過淡，而現慘白色者，必爲病牛之肉，斷不可供食。煑時肉量驟然縮減者，爲將腐敗之證，亦不可食。

【猪肉】以皮薄色潔白，瘦而淡紅者爲上。過紅者恐爲凝血，過白者恐係灌水，皮厚者爲老猪，食者均宜注意。猪肉能潤腸胃，生精液，豐肌體，澤皮膚，然不宜多食。多食易化濕熱生痰。倘停滯於中，每致血行不暢，筋骨軟弱。精液衰薄，體肥痰嗽及患病初愈消化不良者。均宜忌之。惟體質枯瘦，津液不充，及燥痰火咳者，則有滋補之益。製味不可過鹹。且宜煑熟；因其肉中常有旋毛蟲或絛蟲等寄生子其內也。

【羊肉】羊之種類極多，其肉均可食。據醫者言。羊肉之性苦甘，大熱，無毒。能滋補氣血。温補虛弱，開胃壯陽益腎。忌與蕎麥麵豆醬同食，發痼疾；同醋食傷人心，同生魚酪食頗有害。以銅器羹食，男子損陽，女子暴下。而黑羊白頭及獨角四角者，均有毒，食之生癰。又有宿疾者，均與羊肉不宜。食者宜加之意也。

一、鳥類　凡口有惡臭者，羽毛易脫者，均當棄之勿惜。

【鷄】　鷄爲最普通之家禽，其種類因產地不同，有原鷄，錫蘭鷄，戰尾鷄，灰原鷄，烏骨鷄，馬來鷄，鬥鷄，長尾鷄，捲毛鷄等等。其肉有補虛之功，惟烏鷄白骨及有四距者，六指者，死而脚曲者，均不宜食。

【鴨】　雄者頭綠，文翅；雌者黃斑色，亦有純黑全白者。其肉富滋養力，能除熱補虛利臟腑，通水道；醫家謂係益陰之品。以白爲上品。動物學分爲四亞科，一曰鴨亞科，二曰秋沙鴨亞科，三曰雁亞科，四曰鵠亞科。吾人所習見者爲鴨亞科，係人家所畜。又有黃雌鴨者，滋養尤富。惟患腸風下血者，不宜多食。

【鵝】　吾國之食鵝者，不若鷄鴨之普遍。其肉有白鵝肉與蒼鵝肉之別。蒼鵝之肉，其性甚寒而有毒，食之易發瘡腫，不可食；而白鵝則無毒，味濃厚，然其能發風發擔與蒼鵝同，若爲燒燻而食則更甚，此故食之者無如鷄鴨之多也。

【鴿】鴿子有家鴿野鴿二種。野鴿全體暗黑，惟背之中央爲灰白色。頸及胸間，有紫綠色之光澤。家鴿爲野鴿之變動，形態羽色，各各不一。種類甚多。烹調得宜，其味甚佳。

【雀】禾花雀爲秋季名貴食品。此時正稻穀登場，雀食穀而肥。大者曰載毛鷹。中者曰花鷄，小者曰鑽籬。骨脆味妙。

五、魚類　凡頭部變色者，鱗片易脫者，腥臭難聞者，皆在擯棄之列。如眼球如水晶，狀而透明。腮肉現濃紅色而鮮明者。爲新鮮之上品。魚之最著名者爲鯉魚，鯽魚，鱸魚，鱖魚，鯊魚，青魚，白魚，……若無鱗者爲蝦，海參，鱅魚，辛魚，帶魚之屬。

魚類可分爲淡水魚，鹹水魚，及半鹹水魚之類。魚肉之滋養比獸類較遜。惟蛋白脂肪之量多，而易銷化。味又甚美。惟魚之投于地上不污塵土者。狗不食，鳥不喙者。頭無腦者。似有角者，頭上白如聯珠至背上者。目合者。均不可食。食之害人。肉臭者。食之傷人。又魚不可同鷄肉及鸕鷀合食。此皆宜切戒者也。

六、蔬菜類　選擇蔬菜，則以莖葉鮮潤者爲良。

【根菜】蘿蔔，胡蘿蔔，青芋，甘藷，藕，牛蒡，馬鈴薯，慈姑，等皆謂之根菜。大概須擇其有生氣而不萎瘁者。

【葉菜】白菜，菘菜，菠菜，甘藍，萵苣等。謂之葉菜。大概新採而有生氣。切斷之口新鮮而多水分者爲良。葉菜之已宿者。味皆劣。

【蓏果】王瓜，越瓜，冬瓜，南瓜，茄子，等謂之蓏果。凡果實之已腐者。未熟者。均爲有礙於消化。不可不注意也。

七、菌類　菌類之有無毒分。尤須注意。大抵具美色有苦味。或酸，鹹澀者。含乳汁。放燐光生異臭。能變銀器之色及有支離之柄者。食之皆能傷生。不可不慎也。

八、果實類　選擇果實。則以質熟色鮮者爲宜。尤忌腐爛。

四　廚房用器之設備

烹飪之關於吾人。既如上述。而廚房中所用之器具。因爲每日常用者。必求其便利而合乎衛生。固無論矣。而佐理之器具。預備亦須妥善。如刀之宜快也。砧板之宜堅厚也。他如勺，漏，瓢，鏟等等之宜靈妙而牢固也。其尤有要者。爲鍋與爐灶之善惡。與及火候之緩急在在有聯帶之關係。故爐灶之高低深淺鍋鑊之大小厚薄，均須講求。若火候失宜則氣味必因之差異，所以何者應用急火，(或稱武火)何者應用緩火，(或稱文火)均宜有相當之習練也。至于盛食之盆碗等器，不論何種質料，均以清潔整齊爲主。

五　黴生菌之防範

廚房爲吾人調理食物之所。最不可不講求清潔。爲主婦者宜刻刻稽察。玆分述預防之法如下。

(一)廚房屋宇，宜隨時以竹帚或柴帚掃除蛛網。屋隅及天花板，如有鼠穴。必須杜塞。

(二)灶下薪炭，勿可屯積過多，一切煤渣柴灰，宜隨時掃除，不可任其飛散，須切記污垢及惡蟲，是傳染病之源。

(三)貯物之食廚，放物之檯板及切肉之砧板，以及筷筒刀架等，不可使積滿油

膩，須時時以抹布絞熱水拭之，

（四）購回之菜蔬生果等等，宜洗淨後，用熱水燙之，然後，放入貯物之所，以免黴菌之傳播。

（五）見蒼蠅急宜除之。

（六）溝渠除常用肥皂水與蘇打水倒入外，凡食物之碎屑，不可倒入，以免發生黴菌與穢氣。

六　食物之貯藏

物質之腐敗，由於細菌之侵入。分解有機物之蛋白質及炭水化合質而起。吾人之飲食物，多為有機質，欲其能久藏而耐時，須講求防腐之法。

（一）冷藏法　低溫度時細菌不能繁殖，將食物貯藏于冷處，（冰箱）以可歷久不腐，此法不變食物之味，為貯藏之良法。

（二）熱藏法　將食物加熱，則其附着之細菌，失其活動力。不能傳染，此為最普通之防腐法。如肉類多熱，則蛋白質凝固，不合於細菌之營養。但加熱後而不施以相當之裝置，如置於空氣中，則細菌仍附着而繁殖。故僅加熱，祇可爲短時間之防腐。

(三)火燻法　肉類以鹽漬之，復用火燻之。則具有鹽藏乾藏之兩法，防腐之效甚大，且木材之煙火中，含有石炭酸之防腐素。附着于肉類，則細菌難以生活。

(四)乾燥法　將食物乾燥，則細菌不能發育。可免物之腐敗，蓋細菌必籍水分而繁殖也。如魚類之儲藏，往往用此法。但食物不能常保其乾度，細菌仍得漸漸侵入而繁殖者。故此不能作長久防腐之法。

(五)鹽藏法　細菌遇食鹽之濃液，卽失其生活之能力，故肉類加以食鹽，卽可防腐。貯藏魚肉者，有撒鹽於表面而晒之，或浸入鹽水中而貯之，然用後法，恐失其滋養分。不若前法之善也。

(六)糖藏法　糖是炭水化合物，分解之時，因某種細菌，先行繁殖而生酸素。致妨礙他種腐敗菌之生殖，而使蛋白質不致分解。此食物漬于糖液中之能耐久也。

(七)酒漬與醋漬法　將食物漬於濃厚之酒精及醋酸液中，亦可防腐。

(八)隔斷空氣法　隔斷食物不直接受着空氣。則細菌不能生存。例如果實之浸入油液及置于木屑炭屑中，又鷄蛋之塗以凡士林。卽隔絕空氣之法也。

他如以罐頭貯藏及用防腐劑等法。雖均切於實用，然或需特備之器具或有害於衛生，不及以上諸法之能通行也。

第二編　粥飯之煮法

一　飯類

【粳米飯】　諺曰「家常便飯」似極平常然欲製作適宜，軟硬相稱。能合口胃之所好者，亦屬非易。煑飯之最難者，莫若水量之多少。與及火候之緩急。故執炊者必須有日常相當之經驗也。煑飯之法，第一須先計人數之多少。然後用升酌量取米，傾入淘籮，以清水反覆淘之，淸淨爲度，倒入鍋中，同時以傾入清水，約沒米七分以上，至一寸爲度。嚴緊蓋上鍋蓋，不可出氣，柴火或稻草急燒之，至鍋內水開爲止，燜十分鐘再繼以慢火燒之，等鍋內隱隱若折枝聲時，卽行停止。再等數分鐘後卽成。或有用罐器，瓷器，金器，土器以煑飯者。除如上述手續外，類多以炭(或煤)燒之。但至水滾時，須將罐暫爲移開，撤去炭火十分之八，再行將罐置之原處。再以所撤之炭火，圍於罐之四面，並置若干塊於罐蓋上，約五分鐘撤火卽得。

或有因水過多，至滾後而逼去者，實非所宜也。蓋飯滾後，米之精液已與水融化，若除去精液，則飯粒成爲米渣，卽少滋養，且失食味，惜不可惜，又有於透飯時，隨意開啓鍋蓋，亦失卻香氣，減少精華，均非所宜也。

【蛋炒飯】蛋炒飯有用鷄蛋或鴨蛋者二種。以蛋去殼入碗加食鹽少許，用箸打調，至黃白均勻爲止。用猪油入鍋以急火熬之，取所熬成之油約三分之置於另一碗中，復以精肉絲入鍋，用鏟亂炒。見肉近脫生時，將蛋倒入，緊急用鏟亂炒，勿使蛋結入塊，將熟，卽將粳米飯倒入，再以鏟比前更急炒之。見蛋與飯已均勻，酌撒食鹽，當卽撤去急火，用緩火繼續炒之，約二分鐘起鍋，有以火腿蝦仁鷄鴨絲片之屬鋪排於飯上者其名稱隨所加之物料而異。各種物料一同炒入更為可口。按此為點心之一，亦有作為正餐者品高味雅食者甚多。

【八寶飯】此以糯米為主。佐以猪油，白糖，蓮子，桂圓肉，芡實，葡萄乾，南棗，桂花紅絲等，法以淘淨糯米入鍋加水，以急火燒之。不可太爛，盛鉢中，將所配之物料，勻攤碗底。再以鉢中之飯，加以猪油白糖，攪拌均勻，盛入碗中，與碗面平為度，蓋好瓷盤，放蒸籠中入鍋，注水（約下蒸籠寸許）蓋緊以急火燒之，約各品熟爛為止；食時將碗向下，去之，則飯置在盆中矣。其味甜香。為滋補之上品。

【豆飯】用青豆肉與米同入鍋。撒鹽少許，煑法與飯同。如係老豆則先將豆和水煑熟。而後倒入米再煑。或用豆肉同猪肉丁煑飯，曰豆仁飯，米以糯粳對半，則更柔軟而有美味。

【菜飯】先將青菜加鹽少許，入油鍋略焙，然後和白粳米加水入鍋，餘與上述煑飯法同。

二 粥類

【白米粥】稀飯亦稱爲粥，是早餐晚餐之最合宜者，尤合於胃弱者。惟須用上等白米。煑之法將米洗淨，傾入鍋內，加水量約米一成水四成，蓋緊鍋蓋，燒以急火，至滾揭開，再以緩火燒之時以匙攪拌之，不使米粒，沉貼鍋底，至水米相和即成。

上述者爲白米粥，若摻以蝦米即爲蝦米粥。摻以鴨片即爲鴨片粥。和以藕者即藕粥。和以火腿丁或絲即爲火腿粥。燒法各物料配合。後，慢火時加入。如肉藕等料之不易熟爛者。則可與米同時落鍋。如菜粥，則須先煑菜，後下米同煑。又晚米須多水，籼米須水少。

【羅漢粥】將米用雞湯肉湯酌和清水等入鍋，煑數透，次將蝦米火腿丁等加入，再和食鹽，燜爛而食。

【八寶粥】用米一分，（例如香粳米，一升糯米二合）水四分，入鍋先煑一透，然後把桃仁，松仁，香菌，柿餅，栗子，蓮心，紅棗，黃實，白糖等依次加入，用慢火煑。此係甜者，若鹹者則用鴨汁，肉湯，蝦米，火腿，鴨肉猪肉等屑，加鹽，燜膩爲度。

第三編　葷菜烹調法

一　豬肉烹調法

【白切肉】用腿部或背部肉，精多肥少，勿切碎，放入滾水略煑，用繩紮緊，酌加酒，急火燒之，約四十分鐘，已熟透，去繩，切片，加醬油，薑末（或芥末）拌之。

【紅燒肉】用背部肥瘦各半，切成方寸大塊，入鍋加水與肉面齊，煑至半熟，取起，另以熟豬油調白糖，與肉入鍋炒之，再加醬油，酒，俟肉色濃紅，加鹽及原滷少許，再煑四十分鐘，酥而味妙。

【紅燜肉】用方塊半肥半瘦肉，入鍋同前法煑之，至半熟，即將醬油酒加入，留肉汁同煑，勿炒。緩火煑三十分鐘，再加冰糖末，鹽，以緩火煑酥。（注意紅燒肉火可略大，此須文火。）

【白煨肉】用背脊肉切為整塊，入鍋加水過肉面，先用猛火煑沸，次加酒，鹽，葱，筍片，木耳等。再文火煑，俟熟透，另用醬油蘸食，若煨時加火腿片，白菜心，冬筍片，等，亦甚合宜。

【炒肉絲】以腿肉切細絲，烊熟豬油于鍋中，用鏟刀不停手炒之，加酒，醬油，鹽，豆粉少許，候炒熟卽起鍋，炒時可加白菜，黃芽菜，茭白絲，薺菜，洋葱頭，雪裏蕻，等副料。

【炒肉片】法與上同，不過將肉及配合之副料切成片耳。

【爛糊肉絲】腿肉，白菜，同切絲。先將白菜入鍋，加水煑透，再入肉絲，加豬油，鹽，酒，火腿絲等，煑透之，此係白煑法，若欲紅燒，可多加醬油。

【肉圓】五花肉加木耳香菌等一同斬細，放碗內，以醬油，酒，鹽，拌勻。揑成團，入鍋以油煎之，熟卽取起，或入鍋中蒸之亦可。

【粉蒸肉】一名荷包肉以肥肉切大片，浸入醬油酒中，約一時許取出用炒粳米粉拌肉片上。以鮮荷葉包之，蒸熟。

【紅燒獅子頭】法略與製肉圓同，先以肉切細勿斬，加醬油，酒，蝦仁等拌勻。再和以鷄蛋白，作成大肉團，入鍋用文火煑熟。

【叉燒肉】用精肉切，成長條，浸醬油中二三時，取起略乾，在無烟炭火上燻之，對燻對塗以玫瑰醬等，時時翻動，不可焦。

【燻肉】先將肉同酒醬油煑至半酥，取起。在燃着之木屑上，用架燻之，透後切薄片食。

【肉包】精肉斬細，拌以香菇丁，冬筍丁，酒，鹽，醬油，用百葉，或豆腐皮包成二寸許之肉包，入鍋加油及醬油煎之，或加水醬油蒸之均可。

【肉捲】材料與肉包同，惟不用百葉，係用網油切成小塊，包肉成三寸許之捲，入油鍋熬透取出，另用筍片，香菇，木耳，糖醬油，及水少許同煑透。

【油豆腐塞肉】其材料與肉包同。麵筋塞肉亦然。

【肉鬆】純精肉切成方塊，和入鷄湯煑極爛，撈起，用酒，甜醬，醬油，薑汁，糖，調水拌勻，入蔴油鍋，用箸炒到極鬆，取起即成。（鷄鬆魚鬆製法同）

【罎子肉】亦稱神仙肉，用精肥相間猪肉若干，切成寸方塊，洗淨入罎中，加以葱，薑，食鹽，醬油，酒，糖，等物，以粗碗蓋罎口，以黃泥封好，置罎於爐灶中，用草柴和炭圍罎，以微火燒之，約數小時之後，卽熟。

【椒鹽肉】 喜肥者用肋條，喜瘦者用腿部，肋條切方塊，腿部不必方形，洗淨後，用熟火腿約肉三分之一，切成細末，備冰糖，將鍋燒熱，放入肉塊與酒，蓋好待透滾一次，卽揭開，充以合度之清水，以急火燒之，兩透之後，改用緩火，將熟乃將火腿冰糖倒入，再以猛火燒之，糖汁透膩而成。

【醬猪肉】 五花肉二斤，甜醬一缽，紅米一小包，茴香三只，花椒少許，燒料皮三塊，酒四兩，冰屑二兩，肉切成方塊，浸在甜醬缽中，隔一天，取出，去其醬汁，以上料包入蔴布袋，同薑片肉塊等一併入鍋，用文火徐煑，將爛已是桃紅色，卽以文冰倒下收露，俟其濃厚，卽可供食。

【五香肉】 瘦肉若干，切小方塊，外略擦鹽，傾入滾油鍋（葷素油均可）攪之，見脫生卽加醬油，甜醬，酒，花椒茴香，五味先後加入，嚴蓋改燒文火，片時復徐炒之，汁料乾燥，卽起鍋，可食。

【蒸藕肉】 將藕洗淨，用刀削去皮，切成纏刀塊，再將肉切爲排骨塊，同放碗中，下以黃酒，食鹽，上鍋同燉，待爛可食。

【臘肉】在立春以前，把猪肉用食鹽，花椒，茴香，及硝，醃好之後，放入缸中，用石頭壓之，起缸後晒在太陽裏，色鮮紅，不遜火腿，有茭白時或有筍時可放入同蒸。

【烤猪】將小猪宰洗乾淨，以鹽醬油，蔴醬，酒，五香末等物混和，用力揉擦在內的裏面，用大鐵叉叉住。先在皮面滿塗一層蔴油，然後到炭火上，緩緩反復燒烤，頻烤頻塗以蔴油，見皮已鬆脆香紅，卽成，食時切條塊或薄片，裝盆，佐以香菜，蘸以蔴醬油，味以香脆爲主。烤大猪法同，惟須用快刀在皮上括之。括薄爲度。

【蜂窠肉】以肥肉，切成方形大塊，用沸水略加燙硬，每塊肉上，剜一孔，塞入蝦仁一隻，然後用肉湯並加些紅米，黃酒，醬油等，上鍋用文火燉之。

【荔枝肉】用肉切成大骨排塊，入水鍋煑二三十沸，撈起，在熱油鍋中炸透，卽用冷水激之，卽成爲皺裂之狀，略似荔枝，然後仍入鍋內，用酒，醬油，加清水再煑，以爛爲度。

【梅花肉】用肥瘦相兼之肉，切成梅花狀。作五瓣式，以鷄打和拌勻，以箸箝之入熱油鍋中，炸至色黃爲止，然後入另鍋以清水關蓋煑爛。并用香菌作配頭，同時下醬油食鹽再燒透即成。

【木穉肉】爲肉絲炒蛋之別名。法用腿花肉切作細絲，入油鍋炒至將好，把調和成之雞蛋連白醬油，酒，韭菜段，一併放入再炒二三十下，速即起鍋，告成。炒時以油多質嫩爲妙。

【糟肉】取五花猪肉放於絹布袋中，投入香糟罈內，隔數小時。取出入鍋，和水燒透，下酒，再煑，下鹽，三透加火腿屑，四透下冰糖，再煑即爛，起鍋可食。味極香美。

二　猪身雜件烹調法

【壓花肘】取肘子肉二塊，以沸水湯之，取花椒葱蒜薑等，同醬油入之，湯不宜過多，大約二時肉加花椒水二碗，醬油一碗，以急火閉蓋燒之，至熟趁勢去骨，以其皮裹其肉，紮之以繩，因名曰壓花肘，一名紮蹄膀，紮繩時須紮緊，食時切成薄片，蘸以炒鹽食，若繩紮好後，照燻肉法燻之，味尤香美。

【猪蹄】洗淨并拔淨細毛，入沸湯中煑數滾。取出，另用水，酒，鹽入鍋中，煨爛，或用茴香醬由，紅煨亦可。如把猪蹄，入鍋煑透，撩出，裝於瓦罐內，加酒，醬油，冰糖，香料包等，煨至極爛，將骨拆去，把肉搽碎，再燒透，取出香包，即加眞粉，盛大碗，放入冰箱中，結凍，即爲凍蹄，爲夏季妙品。

【蹄筋】　將蹄筋泡軟，入雞湯或火腿湯中，加料煨爛，或加筍片火腿片等炒之，如先炸後炒亦可。

【炸排骨】　猪脊肉若干，批去肥肉，斬成三寸長二寸闊之塊，放入碗中，將醬油及白糖調勻，漬約十分鐘，入燒沸素油鍋汆之。時以漏匙上下打撈，反復炒透，勿使焦，見四面現黃色，即撈起瀝乾，另入一鍋，以茴香素油炒片刻，下酸醋，再反復炒之，更下糖，見其汁已稠濃，發深紅色即可食。

【椒鹽排骨】　製法同上，惟不用糖醋，於炒好後撒以椒鹽即得。

【塞爪尖】　鮮猪爪若干隻，洗淨，用鉗拔淨短毛，入鍋加水燒透，然後以刀切成一寸長塊，拆去大骨，取精肥互兼肉，去肉皮，切成粒塊，和以醬油，酒，葱，薑，鹽等，斬成肉腐，滿塞猪爪內，將火腿切成細末，黏貼肉腐外面，用香菇筍片入鍋燒之，沸後，即以塞肉之爪尖投入，蓋好，以急火燒二透後，更用文火，至極爛爲止。

【百寶肚】 將肚子用鹽水或赤砂糖內外擦洗乾淨後，入鍋中加水煑一透，剝去外層白衣，再用清水過清，將糯米以及火腿末香菇絲等，加酒醬油拌和，灌入肚子內，用針綫縫好，用小布袋袋茴香花椒薑片等，同入鍋中，加水及酒少許煑熟，約三小時，棄去茴香袋，再加醬油，一滾即成。

【雞蛋肚】 用雞蛋打碎放入肚子中，用綫紮緊，入鍋加清水燒煑透後，下黃酒，再燜煑三十分鐘，即成。按此二種肚子，既可作菜，又可作點心，爲經濟補品之一。

【白煑肺頭】 肺頭的洗法，以酒壺灌水，使水注入肺管中，通至肺中各細管，以手輕輕敲拍，使之膨脹，再冲再拍，使肺內血汚洗淨，然後剝去薄衣，剪開各細管，幷成方塊，清水漂去泡沫，入鍋燒煑，用勺撈去泡沫，加蓋煑三分鐘，取起再用清水漂之，復置瓦罐中，煑透，下以酒去膩漠，少時加入火腿，香菌扁尖等品。用炭結徐徐燒煑，三小時，肺頭脆而骨酥，便可用蔴醬油蘸食。

【煑腰片】 把腰子去皮破開，切去色筋，在上面用刀劃橫紋，然後縱切爲薄片，再以酒漂清其血汁，同蝦仁放入清水鍋中，煑透，加酒鹽再煑數分鐘，卽可起鍋，腰片湯，再加醬油與蔴油可者。

【炒猪舌】用刀刮去舌上之穢，漂洗乾淨，倒入鍋中，加清水煑一透，再加黃酒醬油，三白糖和味，次把香糟糟之，切片，再用雪裏紅同入油鍋炒透，卽成，煑時宜注意，不可多燜。以免太老。

【炒腰花】照炒肉絲法炒之，若與蝦仁筍片更佳。或煨爛蘸椒鹽食之。或切成片，用熱水泡去血水洗淨，入葱椒酒中略浸。則名爲醉猪腰。

【炒猪肝】切片。又網油切小片，同入鍋內，加酒鹽略炒，乃入葱莖，或雪裏蕻，同炒之。

【湯泡肚】肚子爊，白煨，冷拌均可。另有湯泡肚吃法。則係用肚尖。刮淨外膜，切爲薄片，漬於冷水中，入沸水中略煑，卽取起。用葱椒，酒，拌勻，另煨火腿湯或雞湯，至極沸，加入肚片，立刻起鍋，食時可加胡椒屑及芫荽，以不生而脆嫩爲佳。

【猪腦】照爊肉法燼之。或以火腿蔴菇同煑亦可。又用脊腦。切成一寸長，與猪腦同入火腿蔴菇湯煨之，名謂脊腦湯。

【猪腸】第一須洗淨，將腸翻轉刮去污穢，用稻柴灰及鹽擦之，復入清水洗淨，至無臭味爲止，在沸水中煮數滾取出，再淨洗切斷，入鷄湯煨之，紅燒或白燉均行，或將小腸數條，套入大腸內，重後切成薄片，蘸椒鹽食。

【猪皮】隨時將猪皮存積風乾，用時入水浸軟，在熱油鍋炸透，與他料同煮，菜館庖人每充作魚肚，如將皮斬糜，加鹽在鍋中蒸數次，再加精肉糜，可作饅頭或水餃之餡。

【猪頭膏】猪頭一個，洗滌刮去皮面污質，復鉗淨短毛，切爲兩爿，和清水葱薑入鍋，以文火燒半天，糜爛後，取出拆去其骨，切塊，再入鍋用原汁煮之。沸後加酒，再沸時，加鹽及爛極稠膩。乃將肉及汁倒入鉢中，待冷凝結後，可切成薄片，食時另用蔴醬油蘸半，味甚鮮美。

【香腸】香腸一名臘腸，以廣東出品爲最佳，然自製亦易，法以小腸擦淨，同水用文火煮爛，刮去腸肉，純取其薄衣，再以火腿肉及精肥參半之肉，切成長條，拌以醬油，食鹽，黃酒，白糖，菜油，生薑皮，絲等物，塞入腸內，每五寸用細綫結成一節，俟全腸塞滿紮完，再用針將腸週身刺小孔，以沸水淋過，卽掛在朝北通風處，再經日晒，半月而成。按此爲小做法，若須大做，則將多數之腸，裝入大木桶，置在陰溼之處，俟腐爛後，儘取其腸衣，應用照上法製之可也。

三　牛肉烹調法

【紅燒牛肉】　用大塊牛肉，（不可用洗滌，免減鮮味，）入鍋加水蓋滿肉面，又用葱薑及稻柴數枝，（不可加酒，以免臊氣，或用刺有孔的蘿蔔同煑，放稻柴使之易酥）煑二三小時，半爛取起，用熟猪油炰之，加水再煑，待熟透，加醬油冰糖屑等，把汁收乾爲止。

【爊牛肉】　取腿精肉，切成薄片，如紅燒法，另加紅糖甘草茴香，置鍋底，煑熟後，攤於爊架上，以鍋蓋蓋之，用柴在鍋底燃燒，鍋熱後，底內各物，亦隨焦烈，煙火騰衝肉身，爊透爲止。又有以白糖甜醬蔴油葱梗四物，炒之，攪勻盛起，以牛肉蘸而食之。其味香烈，爲下酒妙品。

【燒牛蹄】刮淨蹄上污穢，拔淨短毛，及硬殼，入清水鍋，以急火燃燒，約二小時餘，乃入葱薑，再燒數透，再加酒，更用文火，再過二時後，然後再加鹽，見其完全熟爛。後起鍋，待冷後食，倘若欲蹄成膏而食，則可多燒時間，糜爛後起鍋至冷切片，食時蘸蔴油辣糊薑末諸品，則更有香味。為佐酒妙品。

【醬煨牛肉】將牛肉如紅燒法煑到半爛，去湯，加入豆板醬，及冰糖屑，拌和煑透，卽可起鍋。

【炒牛肉絲】法與炒猪肉絲同，惟炒時以加入大蒜葉，洋葱頭絲等為佳，餘物則味稍遜。此為猪肉絲炒時之異點也。未炒之前，如用鷄蛋白一枚，將肉絲拌勻，炒成更嫩而有鮮味。又炒牛肉片，法與上同，不過將肉切為片耳。

【牛肉汁】將牛肉切成小塊，置於悶氣小鐵罐中，同時加以薑末葱屑，及鹽少許，用白皮紙封牢罐口，不可出氣，乃置於鍋中，隔湯燉之，下用炭火，上蓋布巾，火力不可外散，經四小時卽成。其味甚美，大有滋養補力，自製較市上所售者，經濟數倍。惟製時須注意者，則必須用炭火，因其火力聚集，而無火燄外散，便於蒸爛故

四　羊肉烹調法

【紅燒羊肉】取羊肉切爲大塊，入鍋加水滿肉面，再入酒，葱頭，茴香，羅蔔片，（或刺孔胡桃等。以去羶氣）待煑爛除掉茴香及蘿蔔片等物，剩汁少許，再多加酒醬油冰糖屑各品煨透，味甚濃厚，宜於冬日食之。

【白切羊肉】取肥羊肉除骨煑爛，加鹽，酒，山芋粉收湯，入盆中結凍，臨吃切薄片，蘸甜醬，或好醬油食。

【羊肉羹】把熟羊肉切成丁，入火腿湯，或雞湯中，再加香菇丁，冬筍丁，酒，葱及鹽少許，同煨。

【煨羊蹄】羊蹄煑爛除湯，加以鹽，酒，醬油，紅棗，葱頭，煨濃後去掉葱頭紅棗以葱花椒酒潑入之。

【炒羊肉絲】用羊之腿肉，斬斷直紋橫切爲片，再切爲絲，浸入水，撈起後用綠豆粉拌勻，燒熱油鍋（豆油或蔴油均可）倒肉絲不停手的炒之，見稍脫生，取薑葱及醬油一一和入，再炒加酒俟已大熟，即取起。待涼而食。若加白菜絲，或蒿菜，同炒。爲味眞雅。

【會羊頭】 羊頭劈開，取出其腦，放於大盆，入鍋蒸熟，剝去其帶肉薄皮，剔除骨頭，再切爲小方塊，入鍋用急火燒之，待熱再將羊皮塊倒入，改爲緩火關蓋燉約半小時開視若水乾再加入以滿過肉一寸爲度，約一小時半，撒入鹽與胡椒，燜燒片時，即可起鍋，待涼後食，蘸以醬油和醋，其味清爽香膩，兼而有之。或渚用筍蒜之件，切爲丁與羊頭拌勻，同下鍋燒，其味更爲鮮美。

【羊膏】 其肉以山羊最佳，綿羊次之，山羊連皮食，尤可口，而綿羊則須去皮食也。製法，以羊腿肉刮去骨頭，切爲方塊，下水鍋急火燉，見稍爛，其湯適可浸沒肉時，更用緩火至爛極，乃撒入花椒醬油，再燒片刻即可出鍋，用缽盛之，攤平等冷，自然成膏，切成薄片而食。按此品最宜於冬令，若備有冰箱者，則雖夏天亦可製作，但其味濃厚，不宜於盛夏也。

【灰羊】 亦名燉羊膏，法以羊膏若干，盛之大碗，和入醬油，白糖，及酸醋諸物，復摻入羊肉汁，使浸沒爲止；經濟方法可於燒飯時入飯鍋蒸之，飯熟同時出鍋，稍加大蒜葉，以爲香料，亦冬令最相宜之食品。

【羊肉滷】羊肉切爲細絲，取生葱切爲七分長，并生薑絲，大蒜葉，與猪油，甜醬，鹽，等共盛於一碗相拌均勻，待鍋水沸後，倒入葱薑等物，見熟透時，然後把羊肉倒入，速以竹筷不住攪炒，片刻卽熟。惟羊肉絲越細越佳，炒時手法越快越嫩，其味道亦越美。

五 雞之各種烹調法

【紅燒栗子鷄】用斤餘重之肥嫩雞一只，拔去喉間之毛，用刀斷其喉管，放血瀝于碗中，（碗中先預盛清水及食鹽少許）血瀝乾後，及滾水泡鷄身，先拉除脚爪與各節之皮，及嘴殼，再拔翼翅，及尾上之粗毛，又行拔盡全身之毛，務須淨盡，然後用剪刀剖開肚下，挖出腸雜，洗乾後用刀切做小塊，先備栗子數十顆，入鍋加水燒熱，取出剝去殼皮，切作二爿，乃將雞入鍋，并加猪肉數小塊，葱薑一扎，注清水蓋好鍋，以急火煑數沸之後，加黃酒，俟沸，乃改爲緩火，復加入醬油與栗子肉，再燜，後加鹽，俟爛熟後，加白糖少許，即可食，如愛香者可加蔴油拌和。注意燒雞之水，不可煨乾，屢加，致減鮮味。葱薑食時可以撈去。其切段切片，均須稍大，栗子雞：味甚鮮甜，他如香菌，薺菜，韭菜，等品，亦爲通常用者，此看人之所好，惟擺韭菜者，須待雞肉已熟之後方得加入，又有加以黃芪者，則有開胃之功。

【白雞】全雞切作五塊，入沸水鍋，以急火煑半個鐘頭，已熟，取出看準直紋而橫斬之，約一寸寬，半寸長，食時蘸以醬油。愛辣者則和以芥末，按此幷無副料，而簡易可口，或有不下水，排放大碗上蒸籠蒸食者，其味尤佳，因原雞汁不外出，味頗厚也。

【神仙雞】一名白燉雞，法用一瓦缽，置全雞于中（不可切開）將頭頸踠在膀下，預先用鹽葱薑納入雞肚，用手遍擦之，倒水一小碗，酌加黃酒白糖，用皮紙二重周密封固缽口，不可出氣，置淸水鍋中，蓋密，以急火燒之一刻鐘後，鍋內加開水一次，照此隨燒隨加，以勿令湯乾爲主，約煑二小時，即可成，其味特別優美，倘加以冬筍或香菇諸副品，則味尤香美。雞以不上一斤之嫩者爲佳。

【煨全雞】 雞肚中塞以斬碎之肉餡，密縫其口，外包荷葉以調好酒罈泥頭，塗於葉外，以炭火煨之，爛熟爲度，質嫩氣香，無上之品也。

【生炒雞】 將生雞肉切作手指大小之塊。又用菜心若干，切絲，先入鍋煑半熟，撈起，用冷水冲之，瀝去菜氣，揑乾，又將肥猪肉切條，入鍋用急火燒，將肉熬成油，鍋極熱之際，即將雞塊倒入，加薑一起攪炒，半熟，放入茴香，同時以黃酒向鍋內淋一週，急蓋上，使蓋氣與香味攢到肉內，稍停，揭蓋，和以醬油鹽及雞汁，（或淸水稍遜）浸沒雞塊爲度，乃再蓋上，燒以緩火約二十分鐘，肉八分熟時，再擺進所預備菜心，再緩火煑，俟十分熟，即可起鍋。頗爲鮮肥，按此爲淸炒。若加以栗子或薺菜或冬筍，則爲雜炒，炒法同。栗子炒者酥而甜。（稍加白糖）薺菜炒者，淸且香，冬筍炒者，甜而鮮脆，各有其美味也。

【燻雞】 先用嫩雞一隻，剖洗淨後，肚中塞入葱薑茴香食鹽諸品，放大盆中，頭頸灣在膀下，肚向上，置入蒸籠，關蓋，急火蒸煑，以熟爲度，再用茶葉若干，攤置鍋底，上架燻架，放雞于架，用急火燒之，俟鍋內茶葉燻焦，煙冲雞內，燻時將雞轉身而塗上醬油及蔴油，約五六次，見全身燻黃，卽告完成。切而食之。香美無倫。亦有用湯煑熟之鷄，而後燻者，則未免減少其汁味矣。（茶葉不必太好，如泡過而收乾亦可用較爲經濟而無損。）

【生炒鷄片】 割嫩鷄胸膛肉切爲薄片，入葷油鍋炒攪，不可稍停，片刻之間，卽將切成之火腿片，與浸就之香菇放入，同時幷將醬酒、鹽酒、等先後酌量加入，再以鏟略炒之，以諸物調和爲度，其味鮮嫩弔舌。所當注意者，炒鷄片，第一要鍋子熱，手段快，方作出嫩而不老，有不以火腿同炒，而俟鷄炒後，鋪于上面者，此不過壯外觀，不若同炒之爲香美也。又有用干貝薺菜爲副料者，不用醬油，而調食鹽者，謂之清炒，蓋上述者爲紅炒，據經驗者言紅炒香而濃，清炒鮮而嫩，各有所長也。又炒鷄絲法相仿，不過一則切絲，一則切片之別耳。

【糟雞】 將壯嫩全雞，切爲四塊，包入絹布袋中，浸於香糟罈內，約半日，取來加清水入鍋煑透，下以黃酒酌加食鹽，待熟撈出，切作長條塊，平排盆中，上面撒香菜，卽可供食香美異常。

【粉蒸鷄】 把鷄從屁股取出肚雜，不可破開，亦始終不要見水，用布擦淨其內外，用炒就花椒鹽，擦其內外數次，安放半小時，然後再用濕布將鷄內鹽味擦淨、切成片、塊，塗上酒，白醬油及炒米粉少許，每塊用鮮荷葉包好，放進蒸籠，蒸熟之。

【椰子鷄】 雞肉切碎，加鹽，黃粉做成雞球，將雞球放入椰子（預先將椰子頂剖開一洞）又加白菓、口蔴、鮮奶等，再下雞湯，仍蓋上蓋，上鍋用緩火燉之而成。按椰子生於熱帶。故此爲粵中名菜。雅其名曰鳳隱銀窩。名貴可知。

【溜炸雞】 用雞之頭與腿及兩翼兩腿，背脊之肉，切成小塊，以醬油和糖放大碗中，約一小時，略爲浸透爲止，倒入葷油鍋中，以急火燒至百沸，將雞放油中炸之，極酥，勿焦爲度，即以漏匙撈起，瀝乾，一方將鍋內之油舀去，再將雞落鍋，幷將浸過之糖油倒入，同時加以葱段，用鏟攪動幾次再添入調醋之豆粉，復攪幾下，即可。又有不浸醬油糖中，將雞塊塗以稀薄之豆粉，即入油鍋炸者，及撈起去鍋油方如上法炒之，如將雞切成長條排塊，照此法炸之，則即爲炸雞排，盛碗則須排列整齊，方爲合式。

【醃風雞】將肥嫩之雞，殺剖洗淨後，以繩縛住兩脚，倒挂待乾，乃以鹽裏外擦遍，用弓形之篾爿，將雞肚彈開，掛于通風處風乾，待用，數月之後，可切爲塊入清水鍋，急火煑之，（煑後切開亦可）至沸而後，和以葱薑及酒，蓋好改用文火燜燒二透之後，即可起鍋而食矣，味香爽口，不亞于火腿，又有一種帶毛風法，即將雞去肚雞後，不去毛，再把炭燒紅數段，乘熱納入雞肚。扎好創縫，懸掛風口，即成。

【煑雞鬆】將壯嫩之雞，切爲若干大塊，入醬油鹽酒，葱薑諸品，先用急火蒸爛，然後拆去其骨與筋，將肉絲逐漸撕開，取葷油入鍋，以慢火燒鍋熱後，將撕好之雞肉攤于鍋底，微細火焙之，同時以鏟刀時時磨抑，使雞絲鬆散，見油燥肉鬆時，淋以蔴油少許，再用鏟拌勻，不使結幷焦黑，焙片刻，即起鍋，俟涼透可藏之罐中，爲家常過粥，最妙之品。

【拌雞爪】將雞之胸部肉，切作細絲，攙入滾水，開後取起，再將醬瓜絲，用芽韮入鍋略炒之，便將雞絲拌和，再酌拌以醬油、蔴油、黃酒、味甚清香。

【蛇汁鷄】以雞之壯嫩者，殺剖後以急火燒熟，切塊，買青肖蛇一條，用青竹打死，用碗片劃開嘴峯，將皮勒去，剁至尾巴，用竹刀切斷入水洗淨後，大湯入鍋，燒半日，肉已糜爛，乃用細篩撈出蛇肉與骨，卽將鷄肉倒入蛇湯中，同時以先所燒成之火腿干貝及鹽、酒、醬油、蔴油、葱頭、薑片、蒜片一齊和入，乃改燒文火，極熟爲度。此品不特味道異常，抑且有補弱散風去濕之功，如患癩斑症者，常食之，能使肌膚滑潤云。

【罎裏鷄】取鷄塊置入小罎中，同時和以酒、醬油、鹽、葱段、薑片及清水一碗，用紙封好罎口，并用竹箬蓋好罎口，用蔴絲縛牢，復以黃泥（卽舊酒罎泥頭用水調匀）將罎埋入稻柴及草屑堆中，引火自下燒之，約一日許，草屑燒盡，刷去罎外泥灰，可揭封取食，而香氣撲鼻矣。

【拌鷄絲】（一）將熟嫩童子鷄白肉，切成細絲，與嫩筍絲拌之，和以白鷄湯，味極鮮美，（二）或用醬油、芥末、醋、拌食亦佳，（三）當夏時或有拌以洋菜火腿絲及蔴醬者，卽爲洋菜拌鷄絲，又有以粉皮豆芽菜作伴者，亦爲夏令名品，所用鷄絲，最好用罎裏鷄製法之鷄肉，較爲香嫩。

【炒鷄絲】取熟鷄胸部肉，切作絲，拌以豆粉，入熱猪油鍋，急用鏟連翻攪炒，酌和白醬油、葱、少許，再炒十數下，即熟，或和以筍絲，豆芽菜等同炒，同于下醬油時加進。

【泥塗鷄】一名交化鷄，其香味無比。製法，將童子鷄殺後，不可去毛。破肚取出腸雜，洗淨，貫以鹽醬油酒等，用綫縫攏創口，以濕泥周身塗沒。如大皮蛋形，再以草紙包好，然後沒於礱糠草屑堆裏，文法煨約四小時，巳熟取起拷破泥團，其毛自脫。按此鷄如切絲，最好拌以洋菜，火腿絲等并醮以蘇醬或芥末，更爲香雅。

【套鷄】法把鷄、鴨、鴿各一頭，去毛破洗淨盡，即以鴿子套入鷄肚，再套入鴨腹中，裝于瓦罐內，加水半罐煨湯，沸後進以葱薑酒鹽等品，用紙將罐口封密，以炭火燗燒三四小時，即成。

【魚翅套鷄】取鷄先用寬湯加鹽酒煮熟，一方預備發軟魚翅，次用熱油鍋炒透猪肉絲，并加酒醬油及白菜心，用文火煨熟，將此魚翅倒入，啓蓋燒片刻，酌下白糖荳粉，一攪以後，即取起塞入鷄肚中，再加醬油，鷄湯煨爛，即可用原罐進食，食時加蔴油，別有風味。

六　鴨之各種烹調法

【紅燒鴨】　取鴨洗淨，切作方塊，入油鍋中炒之，加以醬油，調糖及薑片，用鏟再攪後加入水，蓋鍋燒之，約經三十分鐘，開視見汁稍乾再酌加水；約燒二小時已熟，可上席。

【八寶鴨】　用肥鴨腹下破一孔，取去腹雜，洗淨，用糯米一把，加入鮮肉、栗子、火腿、芡實、白菓、蓮心、香菰、冬筍、蔴菰等丁，再加以葱薑酒醬油拌勻。納鴨肚中，用線縫好創口，入鍋中再加水洒醬油煑之。

【清燉鴨】　用壯嫩之鴨，剖開背部，剝去頭足，放入清水鍋中加葱條與薑片，急火煑之。外用火腿片，蔴菇(去根)待鴨已煑畩時加入，改以緩火燒，約二小時許，酌加鹽，復煑二透，卽起鍋，盛時腹向上，湯須滿，其味清香，大快朵頤。此品燒時務要極爛，全隻上席，不可切碎。

【乾蒸鴨】　亦曰神仙鴨，又名罐裏鴨，其味甜美濃郁，法取鴨切成大小相等之塊，卽時放入磁罐中，并取醬油二兩，黃酒半兩，食鹽一撮，葱數條，薑片等先後裝入罐中，上蓋用白紙封口，不使走氣再移放乾鍋中，用炭火燒之，初燒時炭多些，見鍋罐均已熱，乃抽去三成之一，改用細火，約二時許，卽行出鍋，起罐蓋食之，殊有香味，當注意者，下鍋時鍋內不可滴入一水，以免炸裂。

【五香野鴨】野鴨一隻，破腹納葱，和以茴香及醬油外用淸水、醬油、鹽、五香煑透，取出切塊供膳，所剩之葱，可燒豆腐。亦香美。

【燒板鴨】板鴨一只，入水鍋煑之，及沸後取出，浸之冷水鉢，片刻卽復入鍋煑，如此撈浸三四次以上，然後切塊。另用肥猪肉二兩，切碎入燥鍋中，以急火熬油，卽以鴨肉倒入，同時淋以醬油黃酒，改燒文火，至爛熟爲度，看肉熟卽撒入葱屑一撮，略攪卽可起鍋。按板鴨卽醃鴨，甚肥大。爲南京名品。

【燒片鴨】用斤餘之肥嫩鴨一只，切作五塊，入鍋注一大碗水，蓋好急火燒之，滾後火稍慢，至爛爲度，又用碗將醬油調白糖使化合，取鴨肉浸入，浸一時，倒入滾油鍋炸之，(注意火須慢以免焦裂)見鴨色透黃，遂撈起瀝乾之後，乃連皮切片，可食。又若將鴨肉先浸油糖而後炸者，則謂之生駁。

【湯鴨】 取肥鴨拆去大骨，一面用火腿片香菌浸湯，切碎，榨菜絲，葱薑屑，攪拌一起，納實鴨肚，以腹朝上，放在大碗用盆蓋上，注水入鍋內架鍋架，然後把鴨碗置架上關蓋，急火燒之，二透之後，抽去急火，改用緩火蒸燒約二小時許，可熟供食。此品有以干貝或蝦米同火腿作副料者，

【西瓜鴨】 購好西瓜一個，剖其蒂如蓋，以箸挖去瓤，一方取鴨拆去大骨，切作相等之塊，一一放入瓜內，小心放入桃鍋，注清水燒以略急之火，及沸改慢，肉將熟加以紹酒、茴香、醬油等物，仍合好，以慢火燜煑約半小時開蓋看之，肉熟生香，小心起鍋，連瓜上席。

【肉腐鴨】 將猪腿肉剝去皮，切爲小塊，和入葱薑鹽，攪拌後，斬成爛腐，又將香菇扁尖洗淨泡好，及火腿片，先將肉腐納滿鴨腹，入清水鍋急火燒之，開後，撒入香菇扁筍二料，改爲緩火煑之。再放入鹽與醬油，幷黃酒與火腿片，再蓋上慢燒一小時許，起鍋。若鴨腹中實杏仁糯米等料，則滋補可口。但味宜稍淡爲佳。

【糟白燜鴨】用肥嫩鴨燒透稍下黃酒、鹽、醬油、燜爛而止，撈起置于鉢，將香糟拌和紹酒稍入鹽，包入布袋，亦浸鉢中，緊燜一時許，便可供餐。

【塡鴨】此種鴨爲北平之特產，今有燉、燒、爊、幾種吃法。燉者把鴨在將殺之前灌入醋一酒杯，以使鴨毛一齊長發，即可去毛，惟不可傷其皮，將淨布把鴨包緊，置入大碗，下酒二成水八成，及火腿片、生薑、葱、鹽等，隔湯燉之。食時拆去布包，其湯淸淨，鴨也甘美肥嫩。燒者將鴨爊七八分熟，加薑片紹興食鹽之後，撈起一面以素油半鍋急火熬滾，加入茴香、山奈及五香作料，將全鴨投入，緩翻炸黃，不可焦裂。撈起瀝乾乃成。爊則將鴨用鹽擦透內部，肚內塞滿猪肉糜葱薑末紹酒醬拌和之料，再下淸水鍋爊之，及透，入紹酒，稍停加入香菇筍片，再用慢火煨燜，爊二小時餘，即爛可喫。「以上燒爊鷄法同」

【炒雪梨鴨】取鴨腿切塊，及肉用油鍋炸透，加進紹酒、醬油、鹽、栗子、梨片等，并酌入冰糖淸水，用慢火燜煨至爛可食。炒鷄法同此。

【煑板鴨】將鴨煑半句鐘左右，取起置冷水裏一浸，復煑復浸三四次，後乃用慢火煑爛，放進紹酒，薑葱等品，卽成。

【琵琶鴨飯】此鴨產於廣州，製法得宜，味不亞於南京板鴨。法則粳糯米各半淘淨，入鍋煑熟，次將琵琶鴨切成寸塊，不要尾巴，俟飯收水時，卽加入，用慢火同煑，煑透。

【南安臘鴨】眞的南安產，其腳骨折斷，皮色潔白，如若安雄貨則反是，廣東店均有出售。蒸法將鴨切塊，同紹酒、糖、盛入碗，不用水，置飯鍋蒸熟卽可。

七　鵝肉之烹調法

【蒸鵝】取肥鵝（淸明前最好）殺破洗淨後，不可斬開，用鹽酒椒拌勻，擦遍內部，幷塞入葱把，身外塗以和糖之紹酒，再將鍋中注水二成，紹酒一成，上架飯架，架鵝不可着水，關密蓋，幷圓周封以皮紙，或圍以淸潔之濕布，下面用炭火緩緩燒之，任其自熄。待鍋蓋冷時開啓，翻一轉身，重新再煑，便可食。最好撕食，不要刀切。

（蒸鴨亦可照此法）

八　鷄鴨四件烹調法

（即鷄鴨之腸雜）

【炒鷄鴨雜】 鷄肝須切成一二分薄。腸必須用剪刀破開洗淨，切斷腎則宜破開刮淨，亦切片，并備筍片待用，法將猪油下鍋急火燒，取鷄雜倒入。炒數下，倒入筍片，速急一同炒攪，然後下醬油、白糖、葱寸、鹽再炒，澆些酸醋，當可盛碗，肝肫切法須薄，炒時手法須快，方得鮮嫩之妙。（或將熟鷄鴨血切條亦可攙入）

【炒鷄鴨腎】 腎以炒得嫩爲止，北方館做法，係將腎切塊，在酒、醬油中浸透，拌以醋，入熱油鍋中炒十數下，即加鹽醬油酒，花椒屑及蒿菜，煮一二透。蘇館法以腎切花片，用黃粉，紹酒，醬油拌之，乃下猪油鍋炸熟加筍片等作料，亦佳。

九　蛋之種種烹調法

蛋爲鳥類之卵，普通用者多指鷄蛋鴨蛋而言；有補益人身之功，且易消化，爲最有益之食物。蛋之鮮者，入水必沉，于日光燈光照之，其黃明晰可見。若殼有黑點，入水而浮，即爲陳壞之證。

【喜蛋】 鷄鴨蛋均有，有鷄孵與人工製者兩種，并有全喜半蛋之別，紹興最通行而且極爲名貴，親友餽贈爲滋補上品。喜蛋之煑法，是洗淨將殼稍拷損，入鍋，加醬油、鹽、酒、桂皮、茴香、酌摻清水，蓋鍋煑透，剝殼而食，鮮美芬芳無比。

【紅蛋煑法】紅蛋亦稱喜蛋，人家養兒子，親友間必須分贈的，浙江紹興地方婆親，也要分紅蛋，煑法用鴨蛋或雞蛋洗淨，放入清水鍋煑半熟，取起放入冷水一激，卽再入鍋煑透後，染以大紅顏料卽成。

【醬煨蛋】取熟蛋剝殼，和以醬油及水少許，置瓦罐中，炭火煨之，

【茶葉蛋】洗淨雞蛋或鴨蛋，入清水鍋關蓋燒，水沸卽取起激于冷水，重行下鍋燒之，再激再燒約三次後，乃將殼拷碎作冰紋狀，然後更以清水，加茶葉、食鹽、酒、及茴香（或有加醬油者，味比較爲佳，但不若光用鹽之，易于消化，合于衞生也，）又蛋黃不可老，故半熟必須一激冷水，食時蘸以椒末食鹽均可。

【炒蛋】破殼入碗，少下葱鹽，以筷打攪勻後，倒入熱猪油鍋，用鏟攪炒，手脚須快，不使結并成爲細條，見脫生時澆一些紹酒，再炒起鍋，按此品以鬆嫩爲上，其有配以干貝（須先蒸熟）肉絲或火腿絲者，此蛋色如硫黃，故亦名硫黃蛋。

【蝦仁炒蛋】 普通用干貝、鯽魚、韮黃、筍絲，皆可炒蛋，而以蝦仁爲上品，炒法如前，惟先將蝦仁筍片下油鍋炒，次下蛋，不可老，恐不美也。

【油炸蛋】 此品之炸法，須視蛋之多少，以定油量，約每一蛋須油半兩餘，將葷油鍋先燒熱，一面取蛋破殼入鍋，即於黃裏稍撒食鹽，逐個放入，見先下者下面已黃，即用鏟刀輕輕反轉再炸，先好者先取起，盛碗，已好，稍洒醬油，幷撒些葱屑，爲佳。此品又名油蜜蛋，以其蛋黃流動如蜜故也，故蛋黃必須注意，不使過老，而白亦不可焦灼也。

【桂花蛋】 破殼瀝去蛋白，打勻，加黃粉少許，調以白糖及桂花醬，幷用山楂糕一塊，切作細丁，用猪油入鍋燒滾，倒入蛋黃，即用勻攪篩，見蛋漸漸濃，乃放入山楂略拌之，即可起鍋，此品宜多用油，味甜而香。

【捲蛋】 鷄蛋兩枚，破殼入碗，加豆粉一撮，和水小半碗，打勻，將猪油入鍋熬熱，下用慢火，移鍋置火旁，即倒進蛋汁，將鍋轉動，使成圓餅，即起鍋，一面將精猪肉切作細丁，配以蝦米，幷醬油，略斬，鋪之蛋餅上，又將切好韮菜，鋪於肉上，然後將蛋捲成筒形，取之放於蒸籠中，上鍋急火燒之，至沸卽熟，切段盛盆，但見黃紅綠三色，頗覺鮮豔，故亦曰三三蛋捲，按此蛋餅以愈薄愈好。

【燉蛋】 取蝦仁調和些鹽酒葱屑薑末，一方用蛋二枚，打好，卽將蝦仁拌入，然後酌加清水，置鍋中飯架上，關鍋蓋以急火燒之，約二十分鐘，卽熟，亦有蛋中不加水而燉者，則謂之乾燉，亦有求經濟，于燒飯時同飯蒸者，但不可太熟亦不可太生，亦有將醃蛋如此法蒸者，味亦佳，但不用加鹽。

【肉心蛋】 將蛋殼之一端開一如小指大之孔，瀝出蛋白入碗中，復以筷插入殼內，小心攪散蛋黃，瀝出另碗，則殼內空，次用精肥各半之猪肉，斬成腐，加些鹽醬、油、酒、葱、薑諸物，小心緩緩塞入將殼中，將蛋殼旋轉，使其滾圓，然後將蛋白灌入至滿，用白紙封殼口，搖之使蛋白勻散，口向上，置飯鍋中蒸之，熟後激之冷水，飲時剝殼蘸以蔴油，其味特殊。

【赤松子】 有將蛋如上法製，用白紙封口後，取辣醬塗於殼上，復在醋鉢中浸之，置盆內，隔湯蒸熟，其形色乃成爲松子，故名，食之其味如山珍，

【海蝘𪹠蛋】蛋打和配以海蝘、鹽、猪油、酒、及清水，調和之，上鍋架，關蓋煑沸，約十五分鐘，卽熟。如乾燉，則水須少放。

【鹽溏黃蛋】先將食鹽、燒酒、杭木皮汁等品，研細，再把鴨蛋洗淨，殼外遍塗杭木皮汁，放于罎內，以竹籜緊紮，搪以泥頭，月餘可成。

【烘鹹蛋】打鹹蛋於碗中，用葱及火腿屑配料，次將葷油入鍋，熱透，把所調之蛋汁倒進，隨將碗蓋上，約五分鐘，卽將鍋提開，收小火力于正中，再將鍋擱上，再十五分鐘後，把碗揭開，見蛋與碗底平齊，卽佳。

【燻蛋】取蛋若干，照前煑茶葉蛋法入鍋燒熟之，去殼，次把茴香屑甘草屑紅糖入鍋，上置燻架，卽取剝好之蛋放上，關好鍋蓋，引火燃燒，鍋熱後，則鍋中之茴香等焦裂出煙，上燻於蛋，啓蓋看已燻遍時，卽可取食矣。此品如欲切開，不可用刀，須以線鋸之，並撒少微之食鹽尤妙。

【蛋餃】取蛋打勻，次以猪肉，細斬肉腐，配以葱屑食鹽或火腿諸物，將小鍋勻以慢炭火燒之，及熱，底面抹以猪油，將調勻之蛋，傾入一匙，將勻搖動，成爲薄片，卽置上肉餡，用筷將蛋揭起半邊，相合，卽成餃形，做畢後，卽將餃放入滿湯鍋中，和以洗淨之金針木耳，關蓋燃燒，數透之後，至燴熟，其味淸美，注意製蛋皮時，火力須緩，搖轉之手脚又須敏捷，而揭半邊之皮時，尤須小心輕快。此蛋或有不用高湯。配入菜心及他種作料，短湯幷加眞粉者，味亦佳。

【醃蛋】 醃蛋味香美，宜於夏令，極合衞生，且能貯久不壞，醃成者，有黑黃油黃兩種，法將鷄蛋或鴨蛋若干，洗淨，一面用食鹽、紹酒、茶葉、稻草灰，混合爲糊漿之濃液，次將蛋放入，塗滿，乃一一放于罎中，待完後，以油紙及布用繩紮住罎口，灰一月卽可食，凡醃蛋以在淸明前爲佳，若在淸明後，則多空頭，若在冬至後醃者，能留至來年夏天，否則易壞，又若醃時加些燒酒于混合液中，必爲油黃，若將陳灰加入，則成黑黃矣。

【皮蛋】 茶葉煎濃汁，拌以石灰炭灰鹽鹼，成爲泥塊，包在每個鴨蛋上，然後黏滿礱糠，裝之罎中，如醃蛋法，封之，四十餘天可食，若食時將針穿一小孔，灌入燒酒一滴，卽變爲溏黃，又用松枝柏枝竹葉梅花等燒灰，拌入泥塊內醃之，卽成爲松花皮蛋矣。皮蛋除普通吃法外，我家常將生豆腐同攪，亦別有風味也。

【煎銀魚蛋】 把蛋調好放入銀魚，和以食鹽，火腿，竹筍，等細丁，并醬油紹酒，調勻，然後燒熱猪油鍋，將上料倒入拌炒，鏟成數小塊，反轉再煎，然後加些白糖和味，即盛起。

【醋溜皮蛋】 燒熱油鍋，即放下皮蛋炸透，然後將米醋，醬油、糖、眞粉、調和傾入，煎至黃色，可即起鍋。

十 魚類之種種烹調法

【紅燒鯽魚】 約半斤重之鯽魚，一二尾，用菜刀拍殺，從尾起刮去鱗，洗淨，用剪從肛門破肚及頭，至下頦爲止。注意挖破苦胆，以手指抉去腹雜，再洗，身上橫剖數刀成網紋，次起油鍋至沸，取魚放入，看一面已黃，即用鏟反身，再倒入油、鹽、酒、并葱條，薑片，再燒五分鐘，或加些糖水，即可起鍋。此法係酥燒魚，如欲其爛，可于加葱薑後，多下水，關蓋煮之，約燒十分鐘，喜酸者則可加些醋，愛膩，可和以眞粉，又煮時若下山楂一二顆，骨即軟熟，且可解毒。

【蒸鯽魚】將魚洗淨放在碗中，倒入紹酒醬油、浸之，次把香菇去脚，又用食鹽擦透魚肉，并將薑香及葱段香菇生猪油條等品，一併放在魚身上，入鍋隔水關蓋蒸之，三開卽熟，此品若在燒飯時蒸之，尤爲經濟而方便，或有用筍絲火腿絲或豆豉醬瓜同蒸者。味尤別緻。魚類中之鱖魚鯿魚蒸法均同，不過配料略異耳。

【肉餡鯽魚】將肥瘦各半之猪肉四兩，切成細丁，同時和以醬油葱花薑屑斬爛爲糜，塞入洗淨之魚肚中，放大碗加開水滿碗置飯架上關蓋急火燒之，三透後卽減火燜片時，食時鮮嫩可口，注意此法須多加些食鹽；不可太淡，以使入味，又其他魚類亦可照此蒸燉。

【酥鯽魚】用大盆排放洗淨之魚，上面加五花猪肉絲，香菇（去柄）及鹽、酒上鍋隔湯蒸八分熟，（最好用蒸籠蒸）把蔴油鍋慢火燒，將蒸過之魚逐一酥透瀝乾，再用原汁加醬油白沙油，葱、青果酒一同下鍋，將魚燜之，見鍋中湯水，半涇半燥爲度。

【白湯鯽魚】把魚入清水鍋，燒透，加入菜油，同時加紹酒、鹽、葱、薑等少許，合蓋再羹，起鍋時糝些胡椒屑，其湯澄清，俗稱紫魚，蘸醬油食。

【溜黃魚】黃魚洗淨後，背部割斜紋小方塊，入滾油鍋炸之，待魚皮現褐色，舀去鍋中餘油，復入鍋，先加醬油，次入葱薑末及香菇絲，再次入酒及水，俟沸再入醋與糖，將魚翻轉溜之，三分鐘即成。

【炒魚片】黃魚（或大頭魚及鰱魚均可）去頭尾，將肉切片入豆粉調水中拌之，放入起滾油鍋中炸透，撈起瀝乾，舀去鍋內油，再下鍋，隨即下醬油及糖，用鏟反覆輕輕炒之，再攙葱木耳及筍片等炒熟。

【白燉鯿魚】將鯿魚去鰓剖腹，浸醬油糖中，把肥猪肉切薄片，與冬菇、蝦米、葱同置魚身上，放蒸籠上蒸之，啓鍋沃以酒，燒飯時同蒸，更經濟，清蒸鯉魚鯽魚均如此）

【炙烤子魚】洗淨浸醬油紹酒中，約三小時，次把油鍋燒熱，略下冰糖，將魚從醬油中取出，投入鍋炙煎，黃透已熟，撒以茴香甘草末少許，甚爲香脆。

【燉烤子魚】將魚用鹽擦醃一夜。取起晒乾，燉時先浸以水，乃用蝦油黃酒白糖上飯鍋清燉，并放生猪油小方塊，飯熟亦熟。

【蒸鰣魚】 鰣魚第一要件，切記不可去鱗，破肚去腸，用布拭去血水，上盆，配以紹酒、食鹽、蜜糖、酒釀、薑片，生猪油小方塊，并鷄湯，上鍋白燉，熟後取去蓋碗，即可上席。

【燒鰣魚】 燒熱油鍋，將魚放入煎之，下以薑片，煎透，再加黃酒，合蓋片刻，下鹽少許，醬油猪油塊，鷄湯等品，將好下以白糖，一透即可進食。

【麵拖黃魚】 把黃魚去頭，將肉切作寸許小長方塊，一面把水調麵粉，并加葱段，將魚肉投入糊之，起熱油鍋，將已拖麵漿之魚肉，一一投入炸之，發黃色即撈起瀝乾，蘸椒末食，鬆脆可口，為最好之下酒品。按此即名黃魚鮝。

【紅炒甲魚】 取甲魚生切成寸方塊，倒入滾油鍋中爆之，見四面透黃，下以黃酒四兩，鹽少許，再酌加醬油及清水，并下小方塊板油，合鍋蓋用慢火燜之，已爛和以白糖，起鍋。

【清蒸甲魚】 將甲魚破好，用黃酒洗淨，仰裝大碗中，將黃酒、火腿、香菇、鹽、葱段、薑片，等料，納入甲魚肚中，不可加水。上鍋合蓋隔水，文火蒸之，約二小時餘，即好。

【焦鹽甲魚】取甲魚破洗去皮，切爲小塊，入鍋用清水煑透，加紹酒四兩，鹽二兩，薑片茴香，桂皮，等品，用慢火緩燜，見汁水濃厚爲度。

【芙蓉魚】將蛋白放在大碗內略撒鹽，把鯽魚放下，以清水浸沒魚身，同白醬油黃酒白糖薄肉片，密黏在身三四周，再在上面放些香菇絲蝦米葱段上蓋磁盆進飯鍋蒸之飯熟亦熟，若廣東館子吃法，則以生魚片與蛋同炒，加些香菰絲筍絲，亦爲芙蓉魚，別有一種風味。

【燒魚翅】魚翅以產于廣東爲最佳。爲酒肴中之貴品，法將翅入鍋，以急火燒滾之，三四透後撈起，用刀刮去二面砂皮，與及筋，次取缽放入翅，注清水浸之，翌日見已漲軟，復入熱水鍋煑之，取起，取去骨管，再用清水漂，見翅已澤潤條分，即可用，燒時先取精肉絲入已燒沸之雞湯鍋，淋些紹酒，醬油，然後放入魚翅，見料物均已調合，乃放入眞粉和之，用鏟拌勻作料，見汁液膩濃，即可起鍋，再加以熟火腿片冬筍片，鋪于面上，加些蔴油引味。本法加醬油爲紅燒魚翅，清燒者，則燒時光用食鹽,幷不用眞粉,則其味清鮮,其有配以蝦仁或蟹粉者,製法甚多,而最普通者爲肉絲。再燒時下鍋須待配物熟後,火亦不可過猛。

【菊花魚翅】先將魚翅用清水發透,洗去沙碎,刮去皮,留透明而皮黃之翅,次把鷄煑熟,取其皮,更將白菜梗切絲,入鍋焙熟,入猪油鍋汆黃,然後將五花肉絲在油鍋炒熟,下酒醬酒,幷將菜絲倒入,加肉汁燒一透,再把鷄皮包好魚翅,下鍋片時,即下白糖眞粉,起鍋裝碗,上蘸蟹粉,四周放火腿片筍片,即可。

【菊花魚頭】青魚頭,入鍋加酒鹽蒸熟,去骨務盡,再將鷄絲,猪骨髓,肚絲,火腿絲,冬菰絲,等料加鷄湯煑透,乃將魚放入,混合煑熟,盛盆加菊花瓣少許,此品爲廣東名菜。

【魚餃】將魚去皮骨,剖爲二塊,切作薄片,次用精肉蔴油蝦米葱屑酒鹽,切細作爲橢圓形,包在魚片之中,外用魚皮作繩摶緊,下清水鍋一沸,加醬油酒煑熟,蘸蔴油椒末食。

【扒桂魚】以桂魚從背切開,漬于酒醬油碗中片刻,加眞粉,入滾油鍋炸熟,食時醮以茄汁、辣醬油、眞粉、上湯，花生油合燒成之濃汁，極酥美。

【炒桂魚粉】將桂魚煮半熟，起出拆去骨，用猪肉鍋熬熱，放入魚肉，炒幾下，即下酒，醬油少許，再幾炒，倒入前汁，薑片香菇絲，大蒜，煮拂再略下胡椒，酌加清水再煮沸，放入米粉，取出再下熱油鍋炒之，即倒入煮好之鱔魚及湯，一併煮之，酌量加鹽醬油，胡椒，一沸即可起鍋。

【魚丸】將大頭魚（他魚亦可）刮皮去骨，切斬細爛，調豆粉，清水，及鹽少許，在鉢中攪拌，又將水半鍋燒溫，以湯匙取魚腐作團，如鴿蛋形，投入溫水鍋中，漸熱，則摻以冷水，待丸結實，則水可稍熱，即撈起，此魚丸食時可加于鮮美之汁湯中，

【燒鯉魚】把肥猪肉下鍋，用急火熬油，再把破洗好之魚，小心放入，兩面煎黃，先撒些食鹽，次放入火腿片，葱薑醬油老酒，仍用急火燒之，三透而成，注意燒時不可合蓋，以透腥氣。

【煎燉魚】將魚放入油鍋煎黃，起出，盛在碗裏，又將扁尖用熱水泡好，切絲，及香菇一同配入魚中，然後入以醬油老酒鹽葱薑大蒜，置鍋架碗上，蓋大磁盆合蓋

再用急火蒸熟卽行。

【炒黃魚片】取黃魚去頭刮皮，將魚肉批片，和些眞粉，起熱油鍋，放入魚片，炸透撈起瀝乾，倒出鍋油，重將魚片放入，乃下醬油和以白糖，輕炒之，勿令魚片碎破，再下筍片木耳葱末洒些黃酒，片刻立就。

【炸鱖魚】將魚斬爲小方塊，起油鍋燒滾，將魚置鐵絲勺上，下鍋爓之，透黃，轉反再炕；已熟，食時撒以椒鹽末，非常鬆脆。

【炒青魚】專用青魚之肚襠切爲小塊，攪拌以豆粉，傾入急火葷油鍋，用鏟押炒，將近脫生，撒入鹽，鍋邊洒以陳酒，緊合鍋蓋，片時後，復將清水和醬油一碗，加入，并和大蒜生薑，再燒使透，及見汁已濃膩，又加些白糖，及好醋，再煑片刻，卽得，不愛酸者除醋；注意炒魚以嫩爲主，火力須急，手段要快，此爲炒肚襠，又有炒頭尾；炒豁水，若以背肉切塊和醋炒者，則爲炒醋魚，各有其妙，惟以尾段之肉最活落，故以炒豁水最名貴。

【煑鰱魚頭】專取白鰱魚頭，挖去鰓，洗淨。投之滾油鍋中煎之。待四面黃透，再傾入老酒，合蓋，片刻，乃下醬油鹽薑屑清水等品，改用慢火，煮至爛熟，即可盛盆撒些椒屑進食。此件有將魚頭切成小塊，幷和以筍片，喜酸，加醋燒，則為醋流魚，亦可加背肉小塊，及蘿蔔片甜麵醬等品。

【燒四鰓鱸魚】 有黃鱸噴鱸星鮎三種，松江又有一種物產四鰓鱸尤名貴。法購松江四鰓鱸魚數尾，去鱗洗淨，以筷插入鰓中至腹捲出腸雜，洗淨盛瓷碗中，次用鷄汁湯（或肉汁湯亦可）先行入鍋，急火燒滾，即將魚筍片猪油先後放入，合蓋煮二沸之後，酒以紹酒，再加薑片，再煮片刻，即可起鍋進食，按四鰓魚出水即死，若欲得鮮活者，于帶運時可以礱糠拌藏之，此魚之肝能損皮膚，切須棄之不可食，惟肺則甚鮮嫩，可於洗後，仍納入肚同煮食。

【蝴蝶魚】 草魚一名鯶魚，味甚美，有暖中補胃之益，其胆能治喉中骨梗，于臘月收 陰乾，用時以酒化呷吞服，燒法，將此魚剖洗淨後，切片，舖入豆粉，用小木槌槌之使薄成為蝴蝶狀，幷用香菇去柄浸湯，切細絲，下鍋中同時加以鷄或肉汁湯，以急火燒之，待湯滾，乃放下角肉，合蓋再煮，撒些食鹽，略傾醬油與紹酒，又放些薑片，復羮片時，卽可起鍋，盛碗時撒些葱屑，以引香味，若羮時加配火腿片與筍片。香味尤佳，本品爲閩省中之特別名菜。

【燒鱔魚】本品肉味鮮膩，有益中補氣，增力壯陽，利五臟之功能。浙省慈谿白龍潭特產爲血鱔，其周身紅赤如血。每年出產甚稀。功能益血塡氣，增氣力，壯筋骨，故昔之習武藝者，必取食之，普通者色炎黃，故稱黃鱔，田泥中產者則多褐色，味最佳，但全黑者有毒，不可食，製法購肥大約重二兩以上之鱔數條，放清水缽中，用左手捕一條，掐緊頸部，以右手二指捋去其涎沫，在砧板上，以刀斬殺其喉頸部之半，過脊骨處稍連不使斷，復以刀輕斬去尾巴，乃將提起勒血於另一缽內，後乃用剪剖開其腹，挖去肚腸務盡，然後斬成聯絡之寸長段頭，放入盛有血之缽，如是一一殺好，待用，次將猪肉片入鍋，急火熬之，見油熬出時鍋已熱極，卽倒入鱔段，急以鏟炒之數下，乃注加清水，拌火腿塊頭，合蓋，用急火燒之，至水滾後，改用文火，見鱔段已一一分斷時，遂加鹽醬油薑片大蒜諸品，再燜燒，見肉汁膩爛，洒入紹酒，燒一透，卽可食，按本品爲夏令名品，或有用干貝或粉絲，蒲子絲作配者，味均佳，但火腿及鮮肉，爲不少之配件。

【清燒鱔段】 如上法切段後，即和清水葱頭入鍋，先燒一透，用勺撈起浮膜，見湯清後，乃傾入黃酒，再燒一透，然後將干貝鹽加入，改用文火合蓋再煑，以爛爲好。

【炒鱔糊】 不甚大之鱔魚若干條，洗淨後，入沸水鍋合蓋急燒死之，透後用篾片刮去其脊骨，每枝自頸至尾批爲三條，再將切爲寸許之絲，次用豬肉入鍋急火燒之，極熱，即以葱薑鱔絲一併倒入，用鏟刀急急攪炒，約四五分鐘，將黃酒在鍋邊圈淋洒一周，仍即合蓋燒片時，然後將鷄湯或肉湯醬油一同傾入，蓋好，用慢火燒，以爛爲度，將起鍋加入白糖少許，以鏟緩拌之，見汁料濃調，即可盛起。

【燻魚】 燻魚各種大的鮮魚均可製，法取鮮魚剖爲兩爿，更以薄刀面拍打爲薄片，擦以食鹽，放入缽中，倒入紹酒醬油葱薑浸之，浸一日撈起攤開吹乾，燒熱油鍋，將魚小心放入，炸之，見黃透，即撈起，取紅糖甘草茴香末，攤于鍋內，再將燻架架入鍋上，將魚爿置上，遍鋪以蒜油，蓋油鍋蓋，燃燒起大的火力，使鍋易燒熱糖末等焦灼，煙氣蒸騰上魚肉，如此燻約半小時，可食，此魚切片切塊均可，惟燻時

切忌菜葉，再烘魚須取肉厚者爲佳

【五香魚】 鱖魚或其他魚，破洗後，用鹽遍擦之，一二小時後，更在魚肉上遍塗甜麵醬花椒茴香末等，置鉢中，放二三日，乃用葷油入鍋，燒到極熱，一方取魚刮去醬汁，然後放入油鍋中炸之，見一面已黃，即用鏟反轉，及黃，取紹酒周圈澆之，燜燒片時，揭蓋和入醬油及清水少許，又合蓋燒之，二透後可起鍋，食時可少淋蔴油，以引香味。

【炸魚片】 炸魚片之魚，須大，肉爿須肥厚者，故最好用青魚鯉魚等，斬下頭尾及肚襠薄肉不用，其背肉等切成三分厚之片，用醬油紹酒葱薑末，放入鉢中浸半日，次將素油三斤，入鍋以急火燒滾後，改用慢火慢慢燒之，一方取浸過魚片，逐一投入，時時以瀨勺攪拌之，見魚片透黃者，取起瀝去其油，待完全炸好後，即以另鍋倒入浸魚之原汁，酌加清水，再加火急燒，至滾，仍將魚片放入，不可合蓋，等滾透，乃加鹽再文火燒數分鐘，即可盛盆上席矣，若炸者係屬小魚，則可不用切片，即洗淨後入油鍋炸爆，煑透，食時加些椒鹽拌蘸，以蔴油或醋，其味亦鬆脆可口，爲下酒送粥之雋品。

【炒魚麵】 此以青魚或其他鮮大之魚，去頭尾，將肉切成片，浸之醬油黃酒葱末薑末缽中，數小時後待用，次取麵粉和清水調作薄糊，又用豬油入鍋以急火熬滾，改爲緩火，乃將魚肉浸麵糊碗中，週身塗滿，投入油鍋中爆之，用漏勺上下攪拌，見塗麵之魚塊，已發露黃色，乃撈起而瀝去其油，食時用開水泡之，加上頂好醬油，幷撒以葱屑椒末，甚爲清香足味。此炸好之魚塊或片，可貯藏于瓷瓶中，久而不壞，除用開水泡湯食外，如不泡湯而臨食蘸以椒鹽，亦頗鬆脆而便捷，爲旅行路菜之妙品。

【燒魚丸】 取青魚殺洗後，批去外皮，然後斬成齏醢，又用刀背搗除渣滓，盛之缽內，調以豆粉，蛋白，黃酒，清水，鹽少許，幷加些葱屑，用多數之箸攪拌，使成糜糊，一面用清水入鍋。燒至溫湯時，乃以左手取魚糊，右手食指與拇母環爲圈形，把魚從指圈中擠出，落入溫湯內，俟結實則以猛火燒開湯水，幷用漏勺撈起魚丸，待用，一面將香菇去蒂泡湯，切爲絲，在另一鍋中放入，同時放入鷄湯筍片火腿片，

五百種食品烹製法

急火燒滾，後乃放入魚丸，再燒二透，卽可盛食。或有以靑菜心作配料者，亦甚鮮嫩可口。再若用山楂末和蛋靑拌之，可將骨楂除淨。

【炸酥魚】 不拘何種小魚，先用淸水漂漾三四次，瀝乾水，乃以指頭捏破魚肚，捏出腸雜，再用淸水洗淨待用，次用箸調好鷄蛋，放些鹽酒，拌麵粉，放入小魚調勻之後，然後用油入鍋燒滾，次第鉗去麵魚，投入油鍋，幷用勺分隔，不使各條黏併，炸至發黃，卽用漏勺撈起，瀝去油汁，等冷後食，其味香鬆無比。有將蝦剪去鬚脚用此法炸者，味亦佳，但不能久放，若以小魚炸成，待冷透後，盛入罐內，可藏十餘日不壞，又麵粉中必摻蛋白，以求鬆嫩也。

【魚鬆】 用靑魚或其他大鮮魚，去頭尾，蒸熟，拆去魚骨，剝去魚皮，務盡，用布袋裝之，在榨牀榨乾，一方用文火燒熱鍋，（注意火候切不猛）將猪油遍塗鍋內，卽將乾魚肉攤在鍋中，以鏟對烘對攪，烘炒，迨魚肉之水分將乾時，手脚更須靈快，以免焦灼，見魚肉之絲頭漸分，作蓬鬆狀，以薑葱醬油蔴油白糖煎成之香汁，逐漸淋入，以使和味加香，再行炒至已乾而鬆，卽成。起鍋冷透，可裝以罐頭，能久貯不壞，爲送粥妙品，亦可旅行攜帶。

【醃魚鯗】 魚鯗以黃魚製最佳，而鰻魚製者則有甜味，法以鮮魚若干條，去鱗破肚去臟，大者斬去頭尾，連背將腹剖爲兩爿，小者去鰓，并揑去血雜，乃用食鹽遍擦其身，內外都遍，擦就後平鋪缸中，每條鋪上食鹽，鋪完後淋以紹酒，撒花椒茴香等物，又用乾荷葉蓋上，并壓以清淨大石一塊，約過二十天，可起出用竹簽撐開大者之肚爿，掛於臥風，太陽曬乾，蒸食之。若用猪肉黃酒醬油煑食，或放湯均佳。

【小黃魚】 （一）汆法、將小黃魚去肚洗淨，用酒醬糖醋浸半日，起油鍋炸透撈起，把油瀝乾，裝盆上撒少許之甘草茴香等末。（二）烤法、將魚切爲小塊，配以酒醬雪裏紅松仁等品，調和浸三四小時，然後用網油每塊包裹，以綫扎好，放入碗上蒸籠蒸七八分熟，取起入熱油鍋烘烤，看已黃脆，即起鍋可食。（三）煎法、洗淨小黃魚浸入酒醬中，或放葱一枝，薑二三片，浸半點鐘後，可下熱油鍋中煎透，傾下紹酒，合蓋燒片刻，再放醬油雪裏蕻，酌下清水，再燒一透，加白糖少許和味，即可盛起。

【炙箴長魚卷】 預備蛋白盛于碗中，一面將箴長魚浸漬紹酒內，次把油鍋燒熱，將箴長魚三四條用粉皮小塊包捲，用箸箝住，在蛋白裹一浸後乃小心放入油鍋煎炙，至透黃和些許白糖，卽可裝盆。

【油炙鰻線】 將鰻線用溫開水泡浸，不可過老，次煎熱油鍋，將鰻線倒入煎炙，隨加黃酒，合蓋燜燒一透，卽啓蓋加入筍絲，韭芽及酌和清水，再燒數透卽可。

【拌烏賊片】 將烏賊洗淨，用剪刀破肚，去其臟物，惟蛋不可拋棄，再行剝去其皮，入鍋加清水煑爛，下以紹酒，再煑透，卽可切長條塊，盛于盆中，拌以醬油蔴油，卽可供食。

【燒明鯆】 用鹼水浸漬明鯆，折斷去骨，切作長方塊，一面燒熱油鍋，倒入明鯆爆透，下以紹酒，闗蓋燒片時，再加和醬油清水燜爛，加些白糖和味，可食。

【燴烏賊蛋】 「用鮮的或乾的均可」先和水浸透，洗淨，下鍋用鷄湯同燴，透後下酒，幷蔴菇火腿片等，合蓋燜燴，以爛爲度。

【燒刀魚】將刀魚用箸刮去鱗雜，破肚洗淨，用刀將魚背切着，碎骨盡斷，燒熱油鍋，投入煎爆黃透，乃用金花菜加油鹽等下鍋煑熟，一透以後加糖和味。

【蒸刀魚】以橄欖油塗刀魚脊背上，將脊鰭刺入鍋蓋上，鍋中擺黃酒，醬油，及猪油小塊，用慢火緩燒，則魚肉盡落鍋內，侵加眞粉調勻，使魚肉成糊漿形，盛起面上加以熟香菇筍片，就成。

【西湖醋魚】將鯇魚去鱗及腹雜，洗淨，對剖二爿，斬爲三段，取中段（頭尾另用）置于盆內，上蒸籠鍋蒸熟，一面另鍋把葷油燒熱，若加熟筍肉等丁，幷醬油黃酒待滾，調以藕粉及白糖，攪勻，卽將鍋離火，加入蒸籠之魚，將鍋一掀，令魚翻身卽佳。又法將蒸熟之魚不落鍋卽用煎濃葷油筍丁肉丁醬油紹酒藕粉等作料，澆于魚面上，再撒胡椒末與蔴油，尤覺嫩鮮有味。

【醋魚帶餅】將鯇魚尾部披爲極薄之片，用藕粉，蛋白花椒，拌勻，再將蔴油起鍋燒熱，把魚片倒入炒爆，待透，下以紹酒醬油等作料，幷加些白粉和味，卽行起鍋。

【鱖魚羹】鱖魚卽桂魚，其肉無刺，爲羹味極腴，羹絕似蟹羹，製法取鱖魚肉及肚中各物，盛于盆中，和入食鹽一撮，黃酒葱薑少許，先入鍋隔水蒸到半熟然後去淨骨皮，拆碎待用，另用鷄湯入鍋，先行燒滾，卽將火腿香菇春筍等切片倒入燙之，再將打勻蛋汁傾入湯中，用箸拌攪，待沸卽把鱖魚碎肉放下，又以生薑汁，醬油，鹽，酒等挨次加入，再燒一二透，便和黃粉，白糖酸醋，攪勻，可卽起鍋盛碗上席。臨食時再加些蔴油，胡椒末少許，尤覺酸嫩。此品卽所謂宋嫂魚羹，曾經壽皇御賞，有口皆碑者也。

【醋溜鱖魚】 將鱖魚去鱗淨肚後，全身剞作縱橫刀痕，次燒熱油鍋，隨卽將魚投入爆透，另碗用清水把黃粉融和，加紹酒，酸醋，醬油，拌勻，待魚兩面透黃卽把碗中調好之料，傾倒入鍋，再加葱屑薑末，燒到汁湯半乾之時，卽可起鍋。加些蔴油胡椒末，以引香頭。

【紅燒鰻鱺】 將鰻鱺擲死，再用刀割開喉部，並在尾部肛門處，割幾刀，使腸中斷，然後以刀柄揞住，隨手抽出肚腸，再將頭尾斬去，切爲寸長段，用開水泡去滑涎，洗淨，不可放入冷水，以免細骨發硬，皮發縐紋，而防不酥，一方燒熱油鍋，加薑一片，將鰻段入鍋，翻覆煎爆，發後即下酒，合蓋燜片時，再加食鹽醬油板油及清水少許，蓋鍋用文火煨燜，再後以白糖和味。

【清燉鰻鱺】破開除淨，切成寸長段，放在大碗裏，配腿花肉，網油、火腿、香菇、葱結、薑片、食鹽等料，稍和清水，碗上蓋以大磁盆，上鍋架闊蓋蒸燒，以爛熟爲度，食時蘸醬蔴油。

【燉糟魚】取糟魚塊盛碗，上加菜油、薑片、白糖等，再加點黃酒，上飯鍋蒸燉，飯熟亦熟。

【立時糟魚】取活鯽魚去鱗洗淨。全條放入熱油鍋中反翻一汆，即舀去餘油，（此油留着下次可用）即將預先調好之醬油同香糟黃酒加進同煮，即可起鍋，去淨香糟渣，即可進食。

【粉蒸魚】把鯽魚盛盆，用黃酒，白醬油，食鹽少許浸漬，隔十五分鐘，上面鋪以肉糜，和些藕粉，加以香菇絲，葱屑薑末等料，上鍋合蓋隔水蒸約二十分鐘，可食。

【燉鮮帶魚】將帶魚破肚洗淨。切作長方塊，置大碗，中加以黃酒鹽醬豬油生薑片等品，酌加清水，上鍋燉熟而食。同飯蒸亦可。

【煎鹹帶魚】 將鹹帶魚塊切成斜紋路。投入熱油鍋中煎之，透黃傾下酒。以除腥氣。極下飯。爲家常便飯中常備之菜。

【鯽肺湯】（一）清煑，鯽魚剝皮，同肺洗淨，入雞湯鍋煨煑數透，後加黃酒食鹽，再煑，再後放入蘑菇，火腿片，復煑一陳，即好。（二）紅煑，將鯽魚及肺入鍋同雞湯或清水煑滾，加黃酒再下食鹽，醬油，然後加和些白糖，即可起鍋。食時可蘸點蔴油。

十一 蝦蟹類各種烹調法

【炒蝦仁】 鮮蝦擠肉，取火腿、冬筍、白菜等丁，先焙好放開，次熬滾葷油鍋，以蝦仁下鍋炒之，隨下火腿冬筍并下醬油及酒，再炒十數鏟，即可盛碗。

【蝦丸】 蝦擠肉同荸薺屑，入小石臼中搗爛。一面將蛋及鹽調好，加入用掌和酒作圓，用湯瓢做圓亦可，煑熟，入蝦殼煑湯中，放索粉進食更佳。

【醉蝦】 醉蝦亦稍搶蝦，用不大不小勻整之活蝦，剪去鬚及脚，帶殼用酒、醬油、花椒，葱屑少鬱（或用醋及桔皮屑）臨食撒胡椒末少許。或有不用其他配料，祇用紅腐乳滷醮些蔴油食者。亦別有食味。

【炸蝦餅或球】 將鮮青去鬚及足，拌豆粉為餅形，傾入油鍋中。反覆炸透，食時撒些精鹽，或沾醬油少許。又蝦球則擠蝦仁調以麵粉酒少許葱，入滾油鍋炸黃。狀如綉球。趁熱食時撒些精鹽，極為鬆脆，下酒最宜。

【蝦子海參】 泡海參于水中一晝夜。取起破腹去腸，洗淨，煑爛，再用酒醬油佐以香菌木耳等將熱加蝦子葱屑。

【油爆蝦】 剪去蝦之鬆脚及尾殼，入沸素油鍋炒，在蝦仁未倒入之前，須先用大蒜頭葱段炒好，見蝦酥透，即將蝦攪攏鍋之一邊，提鍋逼出餘油，即撒以食鹽，并淋黃酒再攪炒幾鏟，即成。

【燉蝦】 取蝦漂漾清淨後，不去鬚脚，入碗瀝去餘水，然後傾入同量之黃酒醬油及葱段薑片，移鍋內沖水合蓋，以急火燒之，二透後即得。

【煑蝦腦】 先以刀面捺爛蝦頭，用細洋布包裹之，用力絞瀝腦汁，滴入碗中，次將火腿冬筍切片，同猪油入鍋，慢火燒之，加食鹽，用鏟刀略炒數下，加清水半碗，煑拂，然後倒入腦汁，和以黃酒，改急火煑之，一沸之後，即可起鍋，盛碗後淋點蔴油，其味極佳。此品有和以薺菜煑者，須畧和眞粉。

【蝦蛋包】擠出蝦仁，和以猪油食鹽芡粉，共在砧板上以刀斬爲糜爛後，入碗注以少許黃酒，乃以網油將蝦仁逐個包成如龍眼大之圓球，次用鷄蛋白用筷打調後，將蝦球浸入蛋汁中，滾滿，投放滾葷油鍋，改用慢火爆炸，以漏勺時時隔攪，見四面黃透，即起鍋，趁熱進食，味香又鬆。

【拌明蝦】將明蝦洗淨。入鍋加水煑開，下黃酒、鹽、及熟，盛起，用刀切去頭尾，把肉縱切爲二爿，剝肉與頭及殼置于另碗，次用盆子一隻，先將萵苣葉屑鋪于盆中，再把蝦肉切碎，置在盆之中央，四周排列蝦頭與殼，然後以乳油傾入鍋中，倒進打好的蛋黃用鏟慢慢攪拌，加鹽醋芥末等，和味，淋于蝦肉上面，即可供食。

【煎明蝦】將油鍋燒熱，把明蝦放下煎炸透黃，和以黃酒醬油白糖等，稍和清水，合蓋煑之，已入味，就成功，裝盆中，洒上些茴香末，便可食，幷宜佐以蘇醬油碟。•

【烤龍蝦及烘龍蝦】即明蝦用快刀剖開龍蝦背脊，在腸胃連殼切作兩爿，拌以牛酪，殼向下放架上烤之，約半時許，卽熟，再抹以奶油，鹽胡椒，乘熱上席，此爲西餐吃法，常用之。又烘法照上法剖開兩爿，抹以奶油麵粉，置烘盆約烘四十分鐘，半熟時再抹一次奶油，烘好撒食鹽與胡椒，亦爲西法。

【炒雨前蝦仁】 鮮蝦擠肉，再用鷄蛋瀝白。加入蝦仁、雨前、拌勻，撒點鹽，然後倒入燒熱蔴油鍋中，用鏟速炒幾下，加進酒、醬油、及鷄湯少許，再炒十數鏟，起鍋。

【炒螺螄蝦仁】 以蝦肉沾以稀米麵漿。同螺螄肉用蔴油炒透。加點鹽，淋以黃酒，再略炒數下，再加鮮汁，改慢火燒透，卽得。蘸桔汁食，尤香嫩。

【蚌肉冬菜炒蝦仁】 將蚌肉擠去泥汚，洗淨，先入鍋燴熟，次起油鍋投入些老薑，燒熟，倒入蚌肉拌炒十幾鏟，放進冬菜屑，蝦仁，再一同攪炒，待透，淋以酒，片時後再加鹽醬油，清水，合蓋煑透，加白糖和味，甚佳。

【豆腐炒蚌肉】 以焯透之蚌肉，入油鍋爆好，下黃酒燜片刻，將豆腐切成小方塊，入鍋加鹽、醬油、清水，關鍋煑數透，卽熟。

【醃鮮燴蚌肉】 取家鄉肉蚌肉鮮肉，皆切爲棋子塊，入鍋清水焯一透，再起出裝入沙鍋中，放清水滿鍋，加薑片、鹽，煑透後加酒，在炭爐上慢慢煨熟。

【蒸文蛤】取文蛤肉，剝去頭部，並將皮腸各物洗清，配以火腿片（或精肉片）香菇、薑片、紹酒、等，盛碗，上飯鍋蒸熟，

【清燉貢干】焙好用貢干和鮮肉，火爪，金針菜，木耳等，一同放入沙鍋中，加鷄湯清水滿鍋，同煑透後，和以黃酒，再透進鹽，及火腿片，改用慢火燜煑透爛，下些冰糖，味調和後起鍋。

【紅燒干貝】把鮮肉片同貢干醬油猪油黃酒薑片，放入鍋中，少下些清水，掤緊鍋蓋，煑之，用慢火緩緩燜燒四小時，開啓鍋蓋，下些冰糖，再燜三十分鐘卽可。

【醃海蜇頭】洗時剔淨沙泥，清水漂漾，撕為小塊，裝于大碗，加白糖葱花，再澆以熬熟菜油，拌就。

【蒸海蜇頭】漂淨後，切作小塊，用清湯，火腿片、筍片、一同裝碗，去燉，當起鍋時，加入白醬油、鹽，

【煑蟹】盛水于鍋，投入鮮蟹。加老薑。猛火煑燒，殼紅卽成。蘸醬油酸醋薑屑食之。

若未煑先納蘇子于臍中食時取去則可除其寒性而且解毒除腥。

【炒蟹粉】 把蟹放置大碗，上蓋大盆，入鍋隔水燒之，水開三四透後，揭視殼已變紅，則已熟，卽行取起，剝去其殼，拆取黃及肉，盛入另碗，把猪油鍋急火燒至極熱，卽蟹肉蟹黃蝦仁一起倒入，取鏟速急亂炒一回，復取雞汁醬油大蒜，先後入鍋，再燒一透，復下白糖黃酒，淋以酸醋及蔴油，又以鏟刀調勻，卽可盛盆，炒時湯宜少，火宜猛，則出品鮮嫩。

【蟹肉獅子頭】 先蒸熟蟹，拆肉待用，次取鮮肉之多肥者，去皮刮骨，切成小塊，攪以豆粉少許，食鹽一撮，然後用刀亂斬，使肉成糜，卽加入蟹肉，用刀面打拌均勻，用手撮取，搓作大圓子如胡桃狀，一一放在盆裏等用，再把葷油入鍋，燒以急火，至沸，卽把圓子逐個投入鍋中，燒至發黃之後，取出盛盆，一面把大菜心入鍋炒之，將脫生時，乃將圓子投進，加注淸水半小碗，合蓋大火燒之，片時啓蓋，加入醬油，鹽酒等，再蓋燒二透，加白糖少許，略用鏟一攪，卽可盛碗，澆些蔴油上席。此品或用冬筍同煑，或以猪腦及肉斬爛，調煑亦鮮甜爽嫩，若用嫩豆腐以當豆粉味亦美。

【蟹粉糊】麵粉半碗，清水調之，成爲稍厚之糊，次用葷油起鍋燒沸，一面取將蟹劈爲兩爿，急將刀斬之面厚敷麵糊，加注清水，即投入鍋爆之，見各蟹俱已爆透，即傾下紹酒，合蓋燒之，片刻以後，即行揭啓，加醬油白糖再燒一下，即將碗中所用之麵糊，加注清水，倒入鍋中，加些葱屑薑末，用箸攪拌，見已稠膩合度，即可起鍋，此品入鍋時，當先將着糊之面朝下煎爆，以免蟹黃流散，下鍋時手段須快。

【醉蟹】取中檔肥蟹若干，先漾于缸中，過一個鐘頭取起，每隻扳開其臍，塞入生薑一片，食鹽少許，用蔴線連足縛住，放入缸中，如此一一縛好後，乃用醬油黃酒胡椒食鹽，灌入缸中，(缸內不可有水)漬浸數日之後，取起，另裝入罎，略下白糖，用布及箬葉封縛罎口，臨時取食，醉蟹以團臍者爲佳。又以蘇州之羊腸蟹及常熟之潭蕩蟹最好，醉時加吳茱萸一粒或皂角一寸，于罎底則可免起沙。

【蟹油】．將肥蟹蒸熟，剝殼取肉待用，用猪油入鍋熬沸，加下火腿丁筍丁及蟹肉等，再加黃酒四兩，食鹽少許，煎熟即成。

【芥蘭炒蟹粉】燒熱油鍋，把芥蘭置鍋中一爆，即將蟹肉和入一同拌炒。下以酒醬油鷄湯燒一透使起鍋。加蔴油大蒜屑引香味。

【蛤蜊餅】把蛤蜊帶殼洗淨瀝乾，取一大碗，用刀劈開，挖取蛤肉，置於另碗，挖完之後，將肉放砧板上。以刀面拍之，使略碎即可。即帶汁仍置碗中，次以豆粉略和酵母，稍加清水，使成薄糊，和入蛤肉拌勻之，然後撮取若干，揑成圓形之餅，燒起葷油鍋，即將餅一一放進炸之，到色深黃，已熟透，餅札時須隨時反動，不使枯灼，粉中拌須調些葱屑，以引香頭。

【燒蚶子】蚶子一名瓦楞子，有毛蚶銀蚶二種，銀蚶功能健胃益血，溫中，消痰化食，散瘀潤五臟利關節益處頗多。法取蚶用清水洗淨，浸水中半小時，以急火燒滾鍋水，即將蚶倒入，片刻即可取起，盛盆上席，另備蔴醬油薑末碟子，蘸食之極其鮮脆。又此品如用沸水泡之，亦即熟，可不必入鍋燒煑，若和以火腿同煑。湯汁極美。

【醉蚶】將蚶洗浸後。入大碗，用開水泡之。片時即熟，乃倒去水，待涼後入置瓷瓶

五百種食品烹製法

中，同時加入醬油陳酒胡椒食鹽諸品，攪蕩使勻，乃用油紙封固瓶口，外以白布包之。以繩縛好，浸三四日後，可食矣。所當注意者，瓶口封固必宜嚴密，不可走氣，否則即腥而亦壞也。

【燉螺螄】 用清水拌滴菜油數點養二三小時後，用剪子剪去頂尖，盛之碗中，加鹽醬油酒菜油葱薑末和之，置飯鍋中蒸之，臨食加蒜油。喜酸者可略加醋。

【拌响螺】 先將响螺剝去殼，取肉切片，同香菌入鍋，加水煮至將熟，取出裝于盆內，澆上蠔油，醬油等拌勻，可食。

【螺螄炖醬】 將螺螄尾巴剪去，瀝去水分，放入大碗中，依次加入鹽、酒、醬油、甜醬、葱屑、薑片、菜油等配料，稍加清水，上飯鍋蒸炖，飯好亦好，若用炒法，不可多炒，以嫩爲佳。

【鹽黃泥螺】 將吐蚨加醃菜汁酒，醃之，藏于瓷瓶中，封好瓶口，醃半月即可取食。

【糟田螺】 將田螺泥漾清，敲碎尾巴，入鍋煮熟後，加鹽酒等清煮，撈出盛于碗之四週，中央放以香糟，用大盆蓋好，三十分鐘，即可食。

【白糖海蜥】將新鮮海蜥剪去尾尖，和水進鍋燒沸卽取起，卽配以酒、醬油、澆上。拌之均勻，用蓋蓋好，使鹹味透入肉內，食時加些白糖。

【蒸田螺肉】田螺用清水漾時，亦可擺菜油數滴，以清泥沙，數小時後，撈起用針揭去其靨，挑出螺肉等，用一面把五花猪肉及火腿切爲小塊。然後加進螺肉，撮上食鹽，拌胡椒少許，拌和，用刀亂斬作腐，塞入螺殼，把靨蓋上，竪置碗內，加入酒醬油及葱薑，放鍋內蒸之，三透後卽可起食，食時蘸點蔴油，引其香味，如不喜胡椒可不放，此品若求簡便，于燒飯時可在飯鍋蒸之，飯好亦熟。

【煑龜肉與燒鼈肉】龜肉之味甚香，爲滋陰品，種類甚多，煑法以龜肉和水入鍋煑之，至水開取起，小心剝去其外膜，再行洗漂一過，切爲小塊，用菜油入鍋急火燒熱，倒入龜肉反復煎爆，見一起色黃時。傾入酒，卽關蓋，然後揭啓加入清水鹽葱薑諸物，再蓋用慢火燒，煑半天至極爛時滲入白糖，再加火燒二刻鐘，乃成，再燒時最好用泥罐及炭火。則味更香鮮，又燒鼈法則將鼈肉生切成塊，下肉鍋和以火腿大蒜頭，及醬油食鹽少許，煑到極爛而食。燒鼈肉最要之一點，則爲不可多放鹽，以淡爲佳，此卽俗所謂鹹魚淡蟹也。

【煑蟶子】把蟶子洗淨，剝去其殼口之衣。入油鍋煎炒，傾下紹酒蓋鍋一燜，卽啓蓋下醬油葱屑及水少許，煑透然後加和以白糖，盛盆上席，又煑海瓜子法同此。

【蠣黃】以開水煑之，熟後起出，排陳盆內，開口向裏，盆中央以香菜或檸檬片爲飾，另備麩皮饅首烤熱抹以奶油，同上席。又煎法去殼瀝乾，用鹽椒調味，拌以饅首屑，煎鍋內先將奶油烊好，入蠣黃煎至蜜黃色，放于烤熱之饅首上。此爲西法。

十二　田雞之各種烹調法

【炒田雞】田雞有益農事，禁人捕售，本書本可不必列述，惟習俗相沿，人各有嗜，不得不聊備一格耳。製法將田雞斬去頭部，稍連背部之皮，向下剝脫外皮，再用剪剪去脚爪，洗淨之。起葷油鍋燒熱，放下田雞，反覆煎爆至透黃，略加清水，把預備之筍片鹹菜和入，關蓋燒一透，再下鹽醬油葱薑，再蓋慢燒，俟透後卽淋紹酒少許，再燜一息，卽好。食時洒蔴油數滴。或有用毛豆作料及和芡粉者亦佳。又此品切塊與各料下碗隔水蒸亦可。

【燻田鷄】田鷄肉入碗用紹酒醬油加葱薑浸漬。約一小時。素油起鍋，急火燒，將田鷄投入炸黃。取起塗以蔴油，放列鉄絲烘架上，次放茴香甘草末放入鍋底，移架合蓋，用草燃燒，見四面燻透，卽可取出，待涼後食。上席時撒以椒鹽，味甚香。能開胃。又田鷄鬆之製法。與製鷄肉鬆相彷彿。惟烘焙之火宜文不宜急，以防枯焦。

【清蒸干貝田鷄】田鷄肉與干貝拌和以醬油，紹酒鹽一同放大碗中，酌加清水，上鍋蒸透。燜半小時卽可。

【炒櫻桃】把田鷄肉切塊，入滾蔴油鍋炒之，半熟加下酒白醬油香菇再炒十數下，起鍋

【炒玉簪田鷄】取田鷄之二腿，而去其骨，用筍絲火腿絲同下熱油鍋炒爆，下以酒醬油酌下清水略拌炒片刻，和以眞粉，卽得。

十三　鴿類之各種烹調法

【炒鵓鴿片】鴿子有家鴿野鴿二種。法把鴿子灌以燒酒，卽使醉死，去毛破肚，洗淨之後，披去胸部肉，切作薄片，燒熱油鍋，把鴿片葱薑茴香一同倒入用鏟慢炒。

片時，鍋之四週洒以紹酒，合蓋再燜少時，再入鷄湯醬油及靑菜梗香菇等品，改文火燜一息，揭開下白糖和味。

【炒五香鴿子】 如上法殺死洗淨，全身薄抹蜂蜜，放入熱油鍋炸透，炸時用箸時時反動，熟後取出撕爲碎塊而食。

【煨禾花雀】 將雀置于黃酒醬油中，浸卅分鐘，次把油鍋燒沸，將雀取起放于鍋中炸透，幷下香料薑片，少時將浸過之酒醬放入，加蓋改慢火煨爛，卽成。

【禾花雀蒸蛋】 將雀用葱、薑、酒、醬油等浸卅分鐘，一面將鷄蛋打和，加些葷油淸水，放入雀，攪拌調勻，上飯鍋蒸熟，加醬油而食。

第四編 湯類之各種烹調法

【蜆子湯】 蜆子連殼煑湯，加食鹽幷熟猪油少許，起鍋後撒胡椒末。

【桔肉湯】 用廣橘或福橘，剝肉皮，又撕去內皮，棄去核，取肉不可破碎，放于碗中，加下白糖，卽泡入開水卽可。

【豆瓣湯】先以蠶豆入碗，注以清水浸一夜，起出剝去皮，放于另碗，加些鹽醬油少許，猪油一湯匙，再注滿清水，入急火水鍋，隔湯蒸之三透，而後，即可起鍋。食時淋上蔴油。

【干貝湯】先將干貝用陳酒，入鍋隔水蒸熟，撕開等用，又用熟鷄肉一方，撕成細絲，復切冬菇絲，然後把鷄湯下鍋，即行燒煑，待沸後，即將上料，一起入鍋，并下食鹽，蓋蓋燒之二透以後，即可，若好酸味者，可少澆酸醋。如不用食鹽，而用醬油味亦濃佳。

【蛋絲湯】鷄蛋打勻，滲加清水又打，燒熱清水鍋，先下開陽猪油食鹽，以急火燒沸，改用文火再燒，然後用筷抵住蛋碗口，把蛋汁從筷頭，慢慢淌出，落于鍋中，則蛋如細絲，乃加醋，用瓢攪勻，盛之碗中，撒入胡椒末，即可上席。又此湯用霉乾菜，筍乾，鹹或火腿干貝肉絲等均可作料，味甚鮮豔。

【燉蝦湯】用青蝦若干，剪去鬚芒，猪肉切丁，然後把大碗一隻，先將筍絲鋪入，再放猪肉，後放蝦，又加醬油，酒，再用清湯或汁湯盛滿，入飯鍋，或水鍋內燒之，即可起鍋，食時灑蔴油幾滴，胡椒末少許，香味更佳。

【腰腦湯】先把猪腰浸入冷水，剝去皮，破作二爿，披去其中白筋條，用刀在腰面橫劃條紋，再倒切成開花形，漂去血水用酒浸過，再將猪腦一付，用清水浸過，搽去血筋，乃燒滾水鍋，先下醬油酒，然後將腰腦一起投入，燒一透之後，卽可起鍋，加葱進食，味極鮮嫩，若用干貝火腿或大蝦作配，味尤鮮美。又隔水蒸亦可。

【鴨腦湯】用鴨頭十幾個，敲破腦蓋，細心取出腦子，又將火腿切爲寸長方之片，香菌用滾水浸之，去蒂，乃以鷄湯下鍋，燒沸，先將鴨腦火腿香菌一起倒入，燒一透之後，加入鹽醬油，二透之後，滲入陳酒少許，卽行起鍋，

【榨菜肉絲湯】將榨菜洗淨，切作寸半長之細絲，又將精肉切成絲，然後燒沸清水鍋，先把肉絲倒入，片時後，再加入榨菜，關蓋燒之，復加入鹽，淋以鷄湯，再燒少頃，卽可盛起。如火腿、鹹菜、鷄蛋、白菜、冬筍，作料，則名目亦改，味道均可佳。

【豆苗肉片湯】把肉洗淨，辨明肉之紋路，切斷橫紋爲片，愈薄愈好，將豆粉另調一盆，以肉片拌之，於是取鷄汁或肉汁一大碗，入鍋燒沸，先取火腿片筍片等放

下，再下醬油攪勻，次把肉片盡行倒入，用筷撥開，勿使貼著，再將豆苗加進，霎時即行連湯帶料盛起，洒蔴油數滴供食。

【蛤筍湯】將蛤蜊洗淨，置入大碗，取開水一泡，用手剝開，將肉逐個取出，另置一碗待用。一面把春筍切爲薄塊，又把火腿切成棋子塊，然後將上料同入鷄湯下鍋，放鹽少許，煑一透，下紹酒，再滾盛出上席。

【蔴菇鍋巴湯】先將葷油鍋燒滾，把飯粢入鍋炸之，以透黃鬆脆爲度，先另一鍋以急火燒湯，加入蔴菇，略撒鹽，及好醬油，出鍋後，與同時炸好鍋巴，分盛兩器上席。香脆異常。

第五編　蔬菜烹調法

一　蔬菜類

【紅燒白菜】把菜切塊，倒入油鍋中炒之。待軟，下醬油調糖，反覆拌炒，使透味後。加以半熟之肉絲或片，幷加蝦米冬菰絲同炒，數十下，合蓋急火煑卽熟。

【炒白菜】白菜擘去粗葉，切塊，先以香菇，蝦米泡過，與肉片筍片下油鍋炒熟，倒入白菜，急火燒煮，攪拌均勻，半透澆進醬油及糖少許。再炒，熟極盛起。

【清燉白菜】白菜一株，剝去外面粗爛之大葉，用刀切去近根粗硬部份，洗淨切開，次用鮮肉切爲薄片，鋪在碗裏，取白菜層層排列，肉片上下，加清水小半碗，加鹽一撮，并以火腿片，排在白菜上面，入飯鍋蒸熟。此品別名金銀菜。

【醋溜白菜】用白菜莖洗淨，切成寸來大小之塊，再把冬菇去蒂，每朵分切兩片，待用，次把蝦米用清水浸之，豬肉與筍切作與菜大小相等之塊，燒起葷油鍋，先把上列作料一炒，後乃倒入白菜再反覆炒之，半熟時，放入醬油白糖酸醋諸品，再攪之透味，大熟即起鍋，乘熱食，一冷便減味。

【拌白菜】取白菜嫩心，橫切數箍，不可散開，小心放在大碗，并切辣椒絲，生薑末浸醬油碗內，同時加入白糖酸醋，入鍋蒸燒，取出後把生薑辣椒蒸出之汁，澆淋在白菜上面，浸淯片時，逼去汁，然後入鍋蒸之，熟後復將前汁澆進，如此浸澆三四次，加以香油拌勻，爲夏令最清爽之食品。

【炒白菜薹】白菜薹擘去硬葉與粗梗，清水洗淨，切為一寸長之段，然後燒熱豆油鍋，將菜倒入反覆炒之，待已軟乃加醬油，又攪拌使勻，將熟沃下紹酒，再略炒，即起出遞食，如在下醬油之際，並加入肉釘蝦米，尤為香甜脆翠。

【粉蒸菜心】白菜嫩心洗淨，平鋪缽底，另加鴨肉塊于上面，次將拌調之白醬油酒鮮肉汁鹽，五香屑，及炒米粉次第放入，蓋鍋蒸湯蒸透，即上席，食時加蔴油。

【醃白菜】將白菜擘去頂老之外葉，用刀切屑，用鹽拌之捏和，少停再加白糖，酸醋再拌和，或加蝦米同拌亦好。

【醃白菜心】先將白菜心用鹽醃一夜，取起洗淨，絞乾水份，切為碎片，再以冬筍風栗先行煮熟亦切片，乃將菜心放入油鍋炒十幾下，加入筍栗再炒和下鮮湯醬油白糖再炒。

【炒芥菜心】把肥嫩芥菜心去盡粗葉，切為塊，先在熱油鍋中炒之，配下草菇，雞湯，醬油及鹽和味，一同燜至爛熟，起鍋。

【清燒瓢兒菜】擘去爛葉，入油鍋炒之，半熟，下水，燒沸，下鹽煮至極熟，便可進食。

【炒芹菜】芹菜有水芹藥芹二種，法取芹菜去葉與根洗淨以刀切成寸段，一面把素油入鍋，以急火燒之至極熟時，卽把芹菜倒入，同時卽加鹽攪炒，再淋蔴油，卽可。未甚爽脆。再芹菜之色紅者不可食，炒時不可太熟，略帶生氣爲上。

【燻芹菜】把芹菜去菜與根，洗淨置太陽光中晒乾，浸入醬油缽約二日取起瀝去汁，用甘草末紅糖下鍋，置入鐵絲架，把芹菜平鋪架上，再將鍋蓋合，然後燃燒，燻透取出切段，盛碗拌以蔴油醬油，和味，爲過粥妙品。

【炒馬蘭頭】將馬蘭頭揀洗淨後，下醬油鍋炒熟，略加鹽，再把肉片入鍋和水羹透，再下酒醬油五香料等品，同燒，燒時須用文火，及肉爛和下馬蘭頭，再加冰糖和味。俟冷而食。

【炒油菜】將嫩油菜洗淨，切成寸段，次倒入熱油鍋中，炒二三十下，放紹酒，合蓋燒一透，後加入鷄皮，火腿片，草菇，鷄湯鹽醬油等品，再炒十數下，再略加白糖和味，卽行起鍋。

【醃大頭菜】先把大頭菜入水洗淨，在藥根部用刀直開數片，但仍聯絡不斷，切完後。然後放入缸中，用鹽醃好，取大石頭一塊，洗淨，壓上菜頂，一星期後取起，攤開吹晒略乾，乃用茴香椒末諸品，轉醃入罎，用箬殼并布，封固罎口，半個月後，即可取食。

【炒菠菜】菠菜即菠薐菜，法先去根洗淨，以刀切寸來長之段，一面用猪油入鍋，急火燒熱，將菠菜倒入鍋，炒之，菜軟，入醬油并淋入酒，再炒，全熟後，再淋下酒，即可起鍋。

【炒塌顆菜】先將塌顆菜去盡外層粗瓣，并切去硬根，切成二寸長之段，再用醬油及少許温水把冬菰絲蝦米絲浸約半小時，乃燒熱葷油鍋，倒進菜段，即和醬油糖各少許，用鏟炒幾下，盛起。一面再將冬菰蝦米猪肉等絲，放下鍋同炒數下，半熟，即倒入白菜一同炒之，并傾入浸蝦米等之原汁，蓋鍋改用急火煑到適宜爲度。

【炒枸杞葉】把嫩杞頭葉，洗乾淨，放入熱油鍋、攪炒，乃取雞湯放下，加入火腿片蔴菰雞及絲，略加鹽醬油同燒。

【炒金花菜】把塘裏魚除去鱗雜，破肚去胆，洗淨後，浸在醬油酒葱薑液中半小時後，即下熱油鍋中煑透。傾入黃酒蓋鍋，爛片時，將揀好金花菜另入油鍋炒熟，略下鹽醬油，即同入魚鍋中，燒透加白糖些許，即行起鍋。

【炒蓬蒿菜】把蓬蒿菜先下水鍋，炒一透後，取起切細，汏于冷水中，捏去水份，用鷄湯入鍋煑一二透，略下鹽，一面把鷄肉煑透，和以眞粉，略加鹽，使成爲膩濃之汁，乃將蓬蒿裝置盆一邊，一半邊則置鷄肉屑，上撒火腿屑，即可上席。

【火腿蓴菜羹】將蓴菜用冷水漂清，把手蓋碗面瀝去水分，次用鷄湯入鍋加火腿絲筍絲等煑一滾，略放食鹽，黃酒，即把火腿絲等撈去不用，祇用其汁湯，勿使停滾，即刻投入蓴菜，不可稍停，即行盛起。

【香菌蓴菜羹】把蓴菜漂淨，將香菌浸汁下鍋，再加香菌筍絲等品煑二三沸，然後乃將蓴菜放入，加食鹽黃酒少許，一透即起鍋。

【白切肉菰菜】先把猪肉加酒少許煑熟，加些食鹽，再燒一透，切成薄片候用，次將茭白燒熟，切成寸塊，平攤盆底，將肉片蓋在上面，兩面鋪平，即可上席。

【茭白炒大蝦】茭白切片或切絲，再用鮮活大蝦剪去脚芒，再將油鍋燒熱，將茭白蝦一起倒入炒爆少時，加入紹酒醬油食鹽葱屑，再燒一透，下些白糖和味，即得。

【炒茭白】先把猪肉絲下鍋加醬油煑至半熟，乃把茭白絲及酌用清水同倒入煑一二滾即透，如在飯鍋蒸熟切片或絲，蘸蔴油拌食亦有味。

【拌茭白】將茭白剝去殼，入清水鍋煑熟，取起用刀面橫敲一下，使內部鬆碎再切爲纏刀塊，然後置盆中，加白糖醬油拌就，愛香者加拌蔴油，不喜甜者不用加糖。

【煑茭白肉】先將臘肉洗淨，下鍋和水同茴香煑一透，下以黃酒，再燒三透後，加入茭白塊，及鹽以煑熟爲度。如加些大蒜葉同煑更香。

【醋蘿蔔絲】把紅蘿蔔兩頭切去一薄片，再用刀背敲扁，使分裂爲幾小塊，然後裝入盆子，加上白糖，用蔴油醬油陳醋拌和，等到透味，可食。

【醃蘿蔔絲】將蘿蔔用清水洗淨，刮去皮，切成細絲，擦以鹽，捏去辣水，再加葱屑白糖用淋拌，便可食。按蘿蔔以太湖產者爲佳，而最普通。

【蘿蔔燒肉】 用鮮猪肉洗淨後切成相當之塊，卽下鍋注水，合蓋燒之，一面將蘿蔔洗淨，去皮斬蒂，切成如肉大小之塊，鍋中水滾時，放入幷加食鹽，復行關蓋以急火燒之，二透之後，改用慢火，至爛熟後，加入葱屑，卽盛碗趁熱入席。

【炒蘿蔔屑】 將蘿蔔用刮鏍鏍爲細粒，一面放猪油入鍋，以急火燒熱，卽將蘿蔔倒進，炒拌，見將脫生，再以火腿屑加入同炒，及熟，乃淋入醬油，撒以葱屑，復炒數下，卽可食。按此品入鍋火力要大，手段要快，如係淸炒，則不用醬油而用食鹽。

【炒莧菜】 將莧菜揀洗淸淨，並把大蒜頭退去外層，然後燒熱油鍋，將莧菜大蒜倒下炒開，稍停放下酒醬，一透可食。

【炒茄子】 把茄子去蒂洗淨，劈開切爲小塊，上熱油鍋內略煎，擺些薑末，加下醬油淸水，最後下白糖和味，以炒熟爲度，或把茄子披爲細條，拌以麵粉漿，略下食鹽，入油鍋炸之。

【荷包茄】 把茄子對切開，取去其心，去外皮，中納實乾菜香菰扁尖毛豆子生薑等細釘，和些鹽，并白糖少許，然後將茄之切開處，重新合攏，外包鮮荷葉，裝于碗內，蒸熟而食。

【紅燒茄】 茄去蒂洗清，切爲兩爿，挖去其子，再切爲三角形塊，一面把猪肉切細丁，蝦米泡用滾水泡透，乃燒沸油鍋，將茄塊，倒入焙之，數炒以後，加上肉丁與蝦米，將脫生，撒以鹽，和醬油。再炒數下，淋進黃酒，少停卽可盛起。

【醃香茄】 將香茄切爲薄片，置瓷鉢內，隔層撒以鹽，至次日把鹽水倒出，以白糖醋花椒末加進，拌勻，一面燒熱油鍋，將茄及諸品傾入，一起炒之，至茄軟時，起出裝盆，若再以芥末薑末丁香諸品燒之，味亦好，待冷可放入瓷瓶貯藏。

【炒青辣椒】 把青辣椒剪開，挖去其子，切成絲，漂于水中，然後燒熱油鍋，倒下辣椒略炒，再把豌豆豆腐干絲同下，再炒片刻，加鹽，醬油，及酌下清水，一二透後，起鍋。

【燒羅漢】 先將蔴姑香菇用水放浸，再將葛仙米泡透，又將豆腐擠乾水分，拌以金針菜，木耳屑，及鹽少許，用匙做或圓形，放置眞粉裏滾過，卽可投進鍋中煎黃。

然後把蔴菇香菇葛仙米筍片酒醬油等次第放入，加些浸蔴菇香菌的汁水，煑二三透，卽佳。

【螺螄頭炒韭菜】 將肉絲及螺螄頭，同下油鍋炒，待透和入酒，次下鹽，醬油，拌勻卽可盛起，再將韭菜片下鍋炒片時，卽將已炒之螺螄頭及肉絲倒下合炒，片刻和以糖卽成。

【炒韭黃】 把嫩酒芽揀選清淨。切成寸來長，一面燒熱油鍋，倒進韭芽略炒，卽加入浸過之金鉤蝦米，同炒。一息加黃酒醬油鹽以後加白糖和味，起鍋。

【蔴油炒韭黃】 先把韭菜下油鍋煎好，次加入蝦米及火腿片蔴菇片等再炒數下，乃放進酒，鹽，醬油合味，最後加白糖，卽好。

【煑荔浦芋】 把水盛滿鍋內。將芋置入，自水沸起，煑一小時熟透，連皮切開而食。此品滋補，淡食最好，或蘸以甜醬亦可。

【荔浦芋蝦】 先將芋蒸熟，切成長方塊，然後把蝦仁蟹粉火腿屑以及鹽黃酒拌和，平鋪芋上，再以另一片芋蓋之，最後入鍋用慢火煎透，卽可。

【糖燒芋艿】刮去芋皮，用黃糖入水鍋煮熟，然後加蘇枋水改用文火燜爛，以顏色鮮爲佳。

二　豆類

【炒蠶豆】先把肉丁冬菇丁薑丁入油鍋，次下蠶豆，反覆拌炒，火力須稍大，沃入醬油再炒十幾下，即可。

【五香豆】白頭半斤，用水洗淨，倒鍋中，一面以細布一塊，將茴香山艿包紮，同放鍋內，復以清水入鍋，以浸滿豆面爲度，然後急火煮之，數滾後，改用緩火，加鹽酒醬油蓋攏燜煮，及啓蓋見豆皮發皺，水汁乾時，即可盛起，撒以甘草末與胡椒粉各少許，拌勻而食，或有不用醬油與鹽而用醃菜滷同煮，其名爲菜汁豆，均可晒乾貯食。

【砂炒酥豆】先以白豆用水浸一刻取起，再浸如此數次，然後撈起，吹乾，次將粗砂入鍋，猛火炒熱，乃把豆倒進，用鏟不停速即同炒，俟豆已發黃烹鬆，即連砂盛起，用篩篩去砂，洒些鹽水，稍停即可貯藏瓶罐中。炒時火不過猛。

【炸油豆瓣與蘭花豆】先把蠶豆浸水一宵，撈起剝去殼，吹乾，用素油入鍋，即燒滾，乃倒入豆瓣，反覆爆炸，至色透黃，即起鍋，撒食鹽即可食，又法將豆不去殼，用剪切成四花，下鍋炸之，即名蘭花豆，或用甜醬拌食，即為醬燒豆，凡豆粒小者，不必去皮而炒。

【炒蠶豆仁】「青梅夏餅與櫻桃，臘肉江魚烏飯糕，莧菜海螄鹽鴨蛋，燒鵝蠶豆酒娘糟。」此為杭人咏節物詩，可見蠶豆一物足稱。蠶豆仁之炒法，先把蠶豆剝去殼，（或擠去）待用，一面將淡筍削去老頭，切為細丁，燒熱油鍋，先下食鹽，即連倒進豆肉，炒十幾下，加進筍丁，再炒，然後加清水醬油合蓋燜二三分鐘，撒些葱末，稍停即成。

【燴蠶豆泥】不拘新陳之蠶豆，先行用清水煑爛，放入沙缽中，研到極細如泥，再用鷄絲火腿絲，鷄湯煑透，加下豆泥，燴到將成，和以真粉攪勻，完成。

【炒沿籬豆】將沿籬豆（即長豇豆）洗淨，倒入熱油鍋內炒透，加清水食鹽甜醬等品，煑二三透，稍下糖，即成。

【爊茅豆莢】把茅豆洗淨剪好，加清水下鍋煑熟，加下食鹽，并酒，再煑一透，即可。

【炒茅豆肉】茅豆剝殼取子略煑，熟後待用，次把辣椒切絲，香豆腐切絲，下熱油鍋炒片時，然後放下茅豆子，酌和清水，一滾下醬油再燒片時，酌和白糖便可起鍋淋一些蔴油。

【醬油製法】醬油爲調味中不可一日或缺之物，無論何菜均須用之。此品爲豆．所製成，不拘大豆，白豆，豌豆等等均可製之。法先把豆和滿清水。下大鍋煑之，至極爛熟，乃取起，盛于缸內，稍涼後，即以小麥粉和之，攪拌停勻，做成斤來種種餅，平灘于簾上，上面舖以稻草，經四五日後，則豆餅發菌，此即爲麴，乃再置入缸中，移日光酌量加傾鹽湯，用力攪拌，日夜露晒，若遇陰雨時，則以箬蓋蓋上，此後每日攪拌一次，一個月後，色即發黑，再繼續晒露月餘，乃榨去其渣滓，其汁入鍋煑溫，再晒數日，即成爲可用之醬油，灌入罎中，以箬葉封好，用板包以白布，或紙，作爲罎蓋，以擋塵污。按醬油之成分富于滋養，且有醬油煑物比用鹽味美。

【炒黃豆芽】先燒熱油鍋，放下食鹽，即把黃豆芽，倒入亂炒（如用人參條作配更好）少傾下以醬油，清水，（或加些白燒酒）再燒一二透卽成。用豆腐干切絲配料同炒亦可。

【炒火腿葇豆芽】 將肥嫩綠荳芽，頭尾摘去揀淨，再用小針逐條從尾上戳一孔，直穿到頭爲止，再用火腿切成一寸多長的橫段，順着紋路再切極細的絲，幷將此火腿絲塞入每條豆芽孔中，乃用猪肉炒透，加下黃酒醬油少許，幷下以鮮湯卽成。

三 山產

【搗筍】 剝去殼，切去老頭，餘切爲寸長半寸大之塊，然後置砧板上用刀搗之，使略鬆裂，一面以猪肉切絲，冬菇切絲，蝦米用溫水泡好，乃燒熱猪油鍋，把筍入鍋炒之，用鐵絲勺在下承住，待炸到透熟，將勺帶筍提出，去鍋中餘油，將肉絲冬菇・蝦米次第倒入略炒，再將筍倒入拌勻，放入醬油白糖，再翻拌數十下，候汁略收乾，卽可盛起。

【雪裏蕻筍】 將筍切成薄條片，又將雪裏蕻菜略洗，切細之，燒起葷油鍋先下筍片，後下雪裏蕻，略炒數下，加入醬油，同時傾以鷄汁或肉湯，闔蓋煑之，約五分鐘，加豆粉略炒，卽可盛起澆以蔴油，以引香味。

【紅燒筍】將筍切纏刀塊，用刀搗之使裂，倒入沸油鍋中炸之，透熟盛起，舀去鍋油，將肉丁冬菇丁等下鍋同炒，再將筍倒進，炒拌均勻，加糖醬油再攪炒，汁將收乾，再將餘油倒入，同炒，俟油將收乾卽得。

【炒蝦子筍】燒熱油鍋，倒進筍塊炒一刻，卽加下醬油清水，澆二三沸，再下蝦子、酒、白糖，再煑數沸，卽可起鍋，上面撒些火腿屑，好醋，蔴油，趁熱進食。

【油燜筍】將筍切片或段，燒熱油鍋，把筍入鍋爆之，約三四分鐘，和下醬油，煎一息，看濃厚而少水分，卽可盛起，貯食。

【炒筆筍】先將蔴菰用開水發泡，再把筆筍去淨，再把泡發的蔴菇湯頂脚，入鍋煑滾，放入筆筍，燜熟取出，切成寸長段，隨卽用刀在每個輕拍，以便鬆碎，

【炒蝦菌】將鮮蝦仁配入鷄蛋白，眞粉，荸薺片，葱屑，稍和鹽及酒，放石臼中搗爛成醬，用瓢盛受揑成球形，然後將蝦仁置於菌中，（菌去柄）貼緊，裝在盆中，先蒸

熟，再下熱油鍋煎之，和以酒，并加火腿屑于上面，再下醬油，白糖眞粉少許，味調起鍋。

【燴鮮菌】把鮮菌下淸水洗淨其沙泥，去柄，用油略爆，取出過以淸水，揑去油味，然後鷄汁加上火腿片，靑菜片，醬油，將菌燴炒，即得。

【燒菌油】先將油鍋煎透，放薑二三片，把菌入鍋，煎爆少頃，便放食鹽，醬油，燒至水分已少，油無爆聲，即盛起藏鉢中，可用久貯。

【鮮菌肉腐】鮮菌數十朵，去柄洗淨，一面用精肥各半之猪肉，去皮切作小塊，和上醬油、酒、葱、豆粉，及豆腐少許，一併斬爲肉腐，然後把菌兩朵，對合中嵌肉腐，輕放盆上，入鍋用急火燒至熟透，加筍片，再蓋好燒二三透即成。

四 瓜類

【煑南瓜】南瓜一個刮去靑皮，再切開，并斬成一寸大小之稜塊，急火燒熱油鍋，將南瓜倒入，略炒之，稍和淸水，闔合鍋蓋，以旺火燜煑約一刻時分，啓蓋加食鹽及大蒜，再蓋攏燒燜，見爛熟後，起鍋洒蒜油幾滴，即可。南瓜亦可切細絲煑食或切爲條塊，上飯鍋蒸熟，較爲經濟。食時蘸蔴油醬油，同一有香有味。

【炸南瓜糊】取老南瓜刮去黃皮，將瓤子挖出，然後斬爲細絲，一面將麵粉調水成糊，和以鹽與醬油，同時放進瓜絲，攪勻，一面把素油鍋燒熱，以羹勺滿盛瓜糊投入鍋中炸之，及浮起油面，見老嫩適合，先熟者先用漏勺撈起，把油瀝乾，盛在中，炸完即可食，撒些椒末以引香味。如喜甜者可和入桂花糖可作點心用。

【炒絲瓜】將絲瓜刨去皮，切纏刀塊，并用百葉切絲，茅豆肉剝殼待用，燒熱油鍋，先倒入絲瓜茅豆肉略炒，撒些食鹽，燒一二透，把百葉在熱鹼水中渡過，加下鍋，炒幾下即好，不必多燜，此法用以炒長豇豆亦可。

【炒野鷄瓜】把鮮野鷄肉切成葡萄大之小塊，放入滾油鍋中，煎炒十幾下，加入香菰醬瓜等丁，再下黃酒醬油，鹽及清水少許，炒熟加糖和味，即起鍋。

【炒瓜薑肉絲】把肉切絲，燒熱油鍋，以肉絲倒入煎爆，將脫生，下以酒醬油鹽及醬瓜絲醬薑絲，煑二透起鍋。

【紅燒冬瓜】用刀將冬瓜外皮刮淨，挖去瓤，切成小長方塊，乃取油下鍋，急火燒熱，卽將冬瓜倒進炒之，煎爆一透，卽下鹽醬油清水，同時加好，合蓋燜燒，數透後揭啓，見已爛再加白糖少許，待味已濃厚，卽可起鍋。若白燒則先將清水燒滾，然後放下冬瓜，下鹽，不用醬油；二透後瓜熟，又可用火腿片蝦米等品做作料。亦可口。

【燒黃瓜】用鎅刨去黃瓜皮，切爲長條塊。起油鍋，卽將黃瓜倒進炒之，注下清水，關蓋，燃燒二透，加入食鹽，蝦皮，再行蓋好，及熟起鍋，好後淋以醬油。

【黃瓜嵌肉】刨去黃瓜皮，挖去子，切爲寸段，將五花猪肉斬成小塊，再斬成腐，拌些鹽、醬油、酒、葱、薑屑等品，每段將上料塞入，置盆中待用，次燒熱油鍋，將瓜段小心一一放入爆炸，至肉稍熟，下以酒，及醬油，及水，蓋上燒二三透，和些糖卽好。

【飄黃瓜】鮮黃瓜去蒂除子，切作小方塊，風吹乾，然後下秋油中浸漬，浸一晝夜，便可食。極其爽脆。

【拌黃瓜】把黃瓜去蒂去子，切作二爿，再切薄片，入缸用鹽拌之，倒去其汁，用清水過汁，置入碗中，加白糖于上面，或加海蜇皮絲，次把油鍋燒熱，淋入瓜碗內，拌和而食。

【拌菩提瓜】用開水將菩提瓜泡浸，切絲其肉裂解，成線粉條狀，乃用醬油蔴油糖及葱屑拌勻，可食。

【炒菩提瓜】如上法將菩提瓜泡浸切絲，次燒沸油鍋，倒入瓜絲，再下醬油鹽糖葱末等品，同炒十幾下，卽盛起。

五 豆腐類

【八寶豆腐】把嫩豆腐切爲小塊，加蔴菇屑，香菌屑，筍屑，黃芽菜屑，京冬菜屑，各料下油鍋同炒，下以醬油及糖，略燜起鍋，豆腐以嫩爲上。

【燴豆腐】先把肉絲入油鍋炒好，然後加入香菇蝦米，最後下豆腐。小心輕炒，加醬油，看其汁將收乾，加清水少許，燜五分鐘起鍋。

【香椿炒豆腐】先取素油入鍋，急火燒極熱，卽取豆腐拍碎，入鍋煎之，約五分鐘，見豆腐轉色發黃，卽和下香椿，卽便淋以醬油，炒片時，卽可起鍋，加淋蔴油，卽可上席，香椿炒得不可過熟，反脫香氣，此品爲春季應時品，但當注意者，忌與猪肉及熟麵同食。

【炒虛豆腐】先把豆腐入清水鍋，以急火燒至百沸，見豆發空成蜂窠狀，乃取出，盛入淘籮，瀝乾，切成絲，配以薑絲，同下熱素油鍋煎炒，片刻後，傾下腐乳滷，再炒數下，即可起鍋，淋蔴油數滴，而食。

【白菜豆腐】將豆油鍋煎熱後，即把白菜小塊下鍋炒至半熟，然後下豆腐蝦米，火腿片，及香料等一起炒，撒入鹽，放下清水，煮二三透。并下些糖，再煮透後，湯色白潔，豆腐起孔，味最清爽。

【蔴菇燉豆腐】先將豆腐用瓦罐，加清水沒上面，慢煮，煮至豆腐起孔，如蜂窩然，然後將沸水傾出，再用冷水下罐，把紅菱肉放進，同煮，最後加進蔴菇，木耳，味母，並蔴油（多點）一同調勻，再燒少頃便好。

【炒松菌豆腐】先將松菌洗清，摘掉菌柄，然後把豆腐塊作棋子塊，入油鍋煎透，即下菌鹽菜油少許，煎五分鐘，再下醬油筍片清水，蓋鍋再煮二三透，和以白糖大蒜葉，即可盛碗。

【肝油炒豆腐】先將猪肝倒入熱油鍋亂炒十幾下，將脫生便下猪油塊，加黃酒，再炒拌一回，下鹽醬油及酌和清水，然後把豆腐放入，合蓋燜少頃，和些白糖，即可起鍋供食。

【炒豆腐鬆】將豆腐下清水鍋煮透，取去瀝乾，次燒熱油鍋，倒下煎炒，待鬆透，配下醬瓜醬薑等小塊，再炒數記，然後傾入豆腐汁，拌和糖引味。

【燒豆腐】切豆腐爲二寸來長方塊，入鍋焯透，用清水過清，次燒熱菜油鍋，把豆腐煎黃，下些鹽，再加配香菇木耳京冬菜金針菜等品，澆下醬油，及下香料，拌浸香菰之汁，同煮三四沸，再和眞粉白糖而就。

【炒磨腐】磨腐爲夏季時品，法用菉豆浸水一宵，取出淘淨，帶水磨粉，用布袋濾汁，置鍋中煮熱，用棍攪勻，到不見粉粒爲度，然後鍋中之汁經熬後乃凝結，取起注大盆內待冷，切爲方塊，以清水養之，其炒法則將製成磨腐切爲小方塊，燒熱油鍋，先把京冬菜屑一炒，然後放入磨腐同炒透，放下鹽拌勻，即成。

【蝦米炒磨腐】先將小青菜切開，入葷油鍋炒透，然後放下浸過之蝦米，醬油，酌加水同煮爛，（注意煮青菜及羅蔔豇豆等必須加配蝦米，方易熟爛）乃時磨腐入鍋共煮，及透起鍋。

【香椿拌腐】把香椿頭切屑，及薑屑同和入腐，和以蔴油醬油拌調均勻，可食。

【炒豆腐乾】先把豆腐乾漂淨，切成長條塊，一面燒熱素油鍋，先將韮菜香菇絲薑絲略炒，隨手將豆腐乾放入，輕輕同炒，再入醬油，酒，須臾即好。

【燒大豆腐】將老豆腐切塊，次把蝦米用水浸好，豬肉切絲，香菌泡滌，然後燒熱油鍋，下肉絲炒透，次下香菇絲蝦米，再後下豆腐，輕炒，隨下鹽醬油少許汁將收乾，倒入浸透蝦米香菰之汁，合蓋再燒十來分鐘，加葱葮即盛起，趁熱喫。

【炒素雞】先以百葉用溫水加鹼泡過，疊好紮緊，把白布包之，壓結後，下水鍋煮透，取出切長條塊，次將菜油入鍋燒熱，乃將素雞塊倒入煎透，加以鹽醬油，稍燒、香菰，木耳等品，同煮之，及透和些白糖，真粉，即可盛碗。或有用栗子同炒，味亦別緻，稱爲栗子炒素雞。

【炒素火腿】素火腿之製法，係將豆腐皮塗以乳腐滷，層層疊起，捲爲圓筒，再套數張潔淨之腐皮于外面，包以布巾，紮緊入水鍋煑八分熟，切成薄片，再下燒熱之素油鍋煎爆之，和下酒醬油香菌筍片木耳等，酌傾浸過香菌之汁水，一二透後加糖少許，乃成。味極香美。

【蒸素火腿】火腿製法如上，切塊上加香菌木耳置飯鍋蒸熟，澆蔴油醬油。

【炒素蛋】用溫水加鹼將百葉泡軟，用清水過清，取去擠燥，然後切成小塊，下入燒熱之蔴油鍋煎之，用鏟四面攪爛，務使蔴油煎透百葉塊，乃和下筍屑，香菌，玉堂菜，同炒加入醬油鹽及水少許（水須少）煑熟，搨些葱屑，味極香美。

【燙乾絲】將嫩豆腐乾切絲，入鮮湯煑過，撈起，瀝乾，用好醬油，蔴油，小蝦米等拌和，

【燙百葉】把百葉切成細條，用開水稍加鹼子，泡浸一刻，撈起後用好醬油，小車蔴油拌食。

第六編　麵食類之烹調法

【肉絲麵】取麵粉調和冷水，少加食鹽，調勻，以麵棍擂平，略撒乾麵粉于上，用棍趕薄，摺疊後切作細條，然後先把猪肉切絲，炒熟，和以青菜，加鹽再炒，酌注入水，以急火燒沸，將切麵放下，沸起後，見麵浮起，少頃可以盛起。

【五香麵】先將蝦入鍋，把湯煑滾，和入醬油及醋少許，待冷用以拌麵粉，又加些胡椒末及芝蔴，拌勻，趕至極薄，摺疊切細條，乃下滾水鍋，重滾即盛食，幷可撒些葱屑，以引香味。如不愛酸者，不用醋。

【八珍麵】用鷄肉魚肉蝦仁，晒乾，又用香菇芝蔴花椒，均研爲細屑，和入麵粉中，如上法製成麵，又用肉絲筍絲作料。入鍋一滾，加入麵再滾，即可盛出。

【炒麵】購市上現成之麵，先下沸水過之，撈起用冷水瀝清，用竹籃攤開。然後切肉絲，入鍋先炒好，次將葷油入鍋，燒至極熱，把麵倒入，用鏟炒之，見麵色勻黃，急將肉絲、鹽、醬油依次加入，少放水，合蓋片時，即可。

【滷鴨麵】先將鴨下鍋燜爛，加鹽、酒、醬油、茴香等物，煑至汁湯濃膩，將鴨取出，將胸膛肉切成細條盛盆上，加鴨滷待用，然後燃火燒沸清水鍋，把生麵放進，用箸掏勻燒一沸，麵已浮起鍋面即用漏勺撩起，用冷開水浸一浸，裝碗加上鮮湯，與鴨盆同上。此為過橋吃法。

【小肉麵】把麵如上法燒熟，激過冷湯後，裝碗中，澆上煑好的紅燒肉汁，上面加幾塊厚的紅燒肉，即做澆頭。

【素炒麵】把鍋水燒滾，將麵放下，至浮起即撈出，在冷水中一過，攤開吹朗，乃將素油下鍋，燒熱後將麵倒下，炒黃，用茭白絲，香菇，及菜段作配，略炒，下鹽，并加下些香菇筍煎的湯水，再炒數下，汁乾短時，即可盛起。

【爛糊麵】燒熱油鍋，加入雪裏紅菜屑，豆芽，炒透，即可下麵，酌和清水，合蓋略燜，然後啓蓋撒入食鹽，并味精，即可起鍋。

【斑肝麵】把斑肝魚剝皮骨，燉湯如乳汁，加酒及鹽作為湯汁。乃將麵入沸水鍋煑透，盛碗澆入上面湯汁，再加煑好之斑肝，即好。

【炒麵衣】用鷄蛋下碗，加鹽酒及葱屑少許，酌和清水，用筷打調勻，并將麵粉緩緩加入，調成不厚不薄之糊漿，倒入熱鍋中，透成極薄之餅片，烤黃後取起隨手撕爲碎片。又把蝦仁用酒浸過，然後急火燒熱油鍋，乃把麵衣同蝦仁一倂入鍋，亂炒，少頃卽熟，味甚香脆。

【油酥餃】 用麵粉分爲二份，略分多少一則用油七水三拌之，一則用水七油三拌之，各揑成小塊，大者包小者，用麵棍趕長，捲攏又撳扁之，成爲餅坯，一面用板油，剝去衣，切成小塊，和以食鹽及葱屑諸品拌勻之後，作爲餃餡，每一餅坯加上餡子，對折包攏，捺成餃邊，如簷瓦，然後燒沸油鍋，將餃子小心放入，煎至色透黃爲度，此爲葱衣猪油酥餃，或用火腿屑作餡，桂花白糖作餡，胡桃瓜仁作餡，名稱各異，味均可口。

【燒賣】 用開水和麵粉，稍加食鹽，打調成塊，又須乾溼相宜，搓成長條，切成如栗子大之塊，捺成扁圓，撒些乾粉，用捍趕成薄的荷葉片，復用肉斬成糜，和入鹽、醬油、酒、葱屑等爲餡，取麵坯裹之，如石榴狀，入蒸籠上鍋下水合蓋，以急火蒸熟之。此品餡子有用蟹粉者，有用薺菜者，各有其味。

【滷麵筋】 購無錫麵筋，同香菇筍卽入鍋用油炒一下，酌下酒及醬油，鮮湯，燒一二透，即可。

【麵筋肉包】先將肉汁及火腿筍塊入鍋燒滾，并預先將麵筋，包以肉腐，投入鍋內煮之見發透即好。

第七編 各種點心烹調法

【春捲】(1)炙法將春卷皮蒸熱，取起每張分開，把肉絲，韭芽，香菇絲，筍絲等裹成三四寸樣之捲子，然後燒熱油鍋，把春捲一浸眞粉，投進鍋炸至透黃即可取出。乘熱進食。喜酸者蘸以醋(2)蒸法，如上蒸熱，乘熱包以預先炒好之肉絲韭芽香菇筍等絲，隨包隨吃，蘸以菓醬更好。

【炒年糕】將寧波年糕切成薄片，用水浸軟，燒熱油鍋，放入肉絲。蝦米，筍片等，炒數分鐘，加入食鹽酒及酌下清水，然後將糕片倒進，酌加汁湯，蓋鍋煮透，即可盛盆。進食。又用薺菜炒更別緻。

【圓子】用糖同胡桃屑，加清水桂花醬煎透，倒在油布上面，待冷凝結，切作豆大之粒，當作餡子，放在籮篩內，再放乾糯米粉一層，把籮篩滾用，洗帚洒些清水，再添粉少許，如此滾篩數次即成。然後燒熱水鍋，投入圓子煮熟進食。

【酒釀圓子】 如上法製就圓子煮熟後，加下甜酒釀即可。

【百菓元宵】 備胡桃仁、松仁、瓜仁、蜜餞櫻桃、黑芝蔴、豆沙、板油、（切成骰子小塊）桂花醬、玫瑰醬等品相和做成餡子，然後將糯米粉攤在籮裏，將餡子稍用水蘸溼，逐一放在粉內，擺動粉籮，以使米粉滾上餡子，四周平勻為度，再用冷水一碗，蘸溼再滾滾至湯糰大小，上蒸架蒸熟為度。

【蘿蔔絲春餅】 蘿蔔去皮刨成絲，撒上鹽少許，捏去辣汁，和些油、葱屑、鹽等，拌勻，次把麵粉用水調成薄漿，和入打勻之鷄蛋，幷鹽、酒、和勻，於是燒熱油鍋，將麵漿三匙下入中心，放蘿蔔絲，再蓋以麵漿，兩面煎黃為止。又如用韭菜則謂韭菜春餅，香椿者則謂香椿春餅，煎法同上。

【葱蘿蔔糕】 蘿蔔絲擠去辣汁，用粳米粉和清水稍加鹽，拌勻，幷調入蝦米屑、冬菇屑、火腿屑等，上鍋蒸熟，然後切成片，下鍋用油煎食。

【可可藕】將藕每節切斷但節不可切去。又每節斜切一刀，把淘淨之糯米可可粉加侖子桂花糖等品，用筷將每個眼孔塞實。仍將所切下之一片蓋上，用牙籤或竹絲扦好，入清水鍋煮或隔水蒸熟，故亦名蒸藕。

【炒藕】將藕先行蒸熟，然後用刀切成纏刀小塊，入燒熱生油鍋炒之。下些桂花糖再用文火略炒即成功。

【紅燒芋頭】小芋頭若干，刮去皮，洗淨，切作四塊，然後急火燒熱葷油鍋，傾下芋塊，攪炒，酌下水，合蓋燜約半小時，加入鹽略炒，復將鍋蓋蓋好煮爛爲度。

【白糖芋艿】芋頭若干，去皮洗淸，切成塊，即入鍋注以清水，滿鍋面即將白糖調入以猛火燒煮，然後改用文火，燜後加入桂花，拌勻後即可供食。（如不用白糖用紅糖亦可）

【煨山芋】取山薯去鬚根洗淨，然後撥開炭火，使成一穴，將山芋放入，上面撥熱灰蓋之，又撒上[illegible]糖，聽其燒去，如此大者約一小時，小者約卅分鐘便可成熟。

【炸山芋片】切山芋薄片，燒熱油鍋，沸後即將芋片投入，炸至兩面透黃，即可取起食時蘸食鹽或白糖均可。

【山芋羹】用紅心山芋，削成圓形，用清水入鍋，緩火烘燜，又用去皮山芋，先行煑熟，然後用印板印成球狀，入清水鍋，加冰糖末桂花，煑成羹湯，可供客。

【杏酪羹】先磨杏仁汁，（或用杏仁霜）入鍋加清水煑沸，下以桂花白糖，燒一透即成。

【玉蘭片】將玉蘭花瓣，摘去瓣尖，用熱水沖洗一過，晒乾，又將麵粉和鷄蛋，酌加清水，並白糖胡椒末調勻，然後把花瓣入麵粉碗調之，投入蔴油鍋煎炙至油鍋發淡黃色便撈起，在醋碗裏一浸，再入鍋煎片時，至乾脆爲度。又用板油切爲薄片，調鷄蛋麵粉，葷油炸煎，是爲假玉蘭片，又素玉蘭片係爲用雲片糕塗以麵粉漿一層入油炸成。

【甜酒釀】將糯米先放清水中，浸一晝夜，撈起再行淘清，上蒸籠蒸透，用冷水沖淋一過，仍用原水再淋，倒入鉢中、次把酒藥研成細粉，拌入飯中、攪勻撳實，中捺一潭，上面加些藥粉，然後緊閉缸蓋，放在礱糠裏，或四周用稻柴圍緊，使溫度增加，隔三四天，卽成熟。

【酒釀鋪鷄蛋】 應鷄蛋打好，下沸水鍋略煑，加進桂花糖少許，及酒釀，不可多煑，卽可盛起，

【翡翠糰】 先把漿麥草洗淨，放石臼中，搗爛取汁，汁內須略和石灰質，以便顏色鮮潔，將此青汁拌粉，捏成小塊，中包猪油，玫瑰，白糖，搓成圓形，然後將糰子上鍋蒸熟。

【艾糕】 取青艾嫩頭，洗淨後，入臼舂爛，搾取其汁，和入白糖糯米粉中，拌勻，搓成長條，切作小塊，用印板印花，或捏爲小塊，方圓均可，用竹篩撳成紋路，上蒸籠蒸熟。（黃花菓糕法同）

【番茄麵】 將番茄剝去皮，切成薄片，次燒熟油鍋，將番茄片倒入炒透，加食鹽，白糖，醬油及清水，用文火煑熟，然後把挂麵加入，煎至湯乾，卽可食。

【甜鹹粽】 杷蘆葉攤平，中實糯米一層，中嵌以火腿酌加醬油爲餡，又半面以棗泥，蓮子爲餡，上面再放糯米，然後紮成長方形之包，次燒熱清水鍋，把粽放入關

鍋文火燜煑，多燜爲佳，至爛熟爲度。

【薄荷蓮心羹】把薄荷梗用清水煎汁，再把蓮子用開水泡透，剝去皮，并用針挑去芯，用溫開水洗淨，加四倍之薄荷湯，用文火煨爛，下冰糖，卽可供食。

【涼粉】購石花菜同清水入鍋煑透，以融化爲度，盛入缽中，以井水激冷，凝結成凍。預先用薄荷同冰糖煎汁，去渣，亦用井水激冷，然後將已凍之石花菜劃成小方塊，洒以薄荷汁供食。又法不用石花菜，以洋菜凍代亦可。

【巧菓】粉製者，把糯米粉加白糖，以溫水拌調，入鍋蒸熟，待冷撳薄，切成小長方塊，并摺成三角形，然後在中角剪開數條，然後將二角穿過，乃用油汆黃，撈起，瀝去油，卽可食，并可久貯待食。又麵製者，係用紅糖水和麵粉，調勻，撳以芝蔴，用棍打薄，製成巧菓，入油鍋炸黃，卽成。

【紅菱糕】將紅菱剝殼，去衣，入臼搗爛，取起，和以麵粉，冰糖屑、桂花米，酌和清水，拌就，上鍋蒸熟。

【山楂糕】用山楂漿和白糖調勻，滲以煑熟糖汁，盛盤中，待冷後凝結，切塊，上面加瓜子仁。裝錦盒，可以餽贈親友。

【糖山楂】將紅菓用開水泡透，去皮，晒至半乾，割開挖去其子、嵌以豆沙，用竹籤扦上，一面把糖入鍋煎至濃厚，以扦好之紅菓浸沾之。

【煎山楂】先將鷄蛋加眞粉麵粉打勻，次燒熱油鍋，乃以湯瓢取楂糕，入蛋汁一浸，放入熱油鍋，煎微黃即得。

【酒釀豆沙餅】用麵粉和白酒脚拌調，放進點水，亦可發酵，搓成條子，撳扁中裹豆沙，白糖，猪油塊，做爲餅子，撒些芝蔴，入瓦火烘黃即好。

【酒釀玫瑰餅】用甜酒釀和麵粉調勻，加進點清水，鹽水，放置少頃待用，待發酵後，即可揑成扁餅，包入玫瑰醬，白糖、猪油，撳扁入油鑊烘烤，二面黃透爲好。

【橙子糕】用橙汁和白糖調勻，又將桔子皮同黃梔子加水煎汁，將此汁與橙汁和之，再將糖及清水入鍋燒沸，亦和入橙汁內，然後把此汁待冷結塊，劃成小塊，而食。

【菉荳湯】先煑糯米飯涼透，再將菉荳，蓮子，芡實入鍋煑爛，調以冷薄荷湯，乃用匙取糯米飯：蓮心芡實葵荳蜜櫻桃蜜青梅等品，調和一碗，上面加些白糖，澆入薄荷湯，卽可食。

【藊豆酥】 將扁豆先用水浸，一天後入鍋煑熟，連湯上磨磨細，用布袋濾去渣，用碗缽沉澱，用其底脚之粉和以白糖，桂花，薄荷湯，等拌勻，待冷凝結，切爲小方塊而食。

【拌洋菜】 把洋菜用溫水浸過，晾乾，切成一寸長之條，裝入盆中，拌上茅豆肉，放些白糖，卽可供食。又鹹吃法則用鷄絲，火腿絲，和醬油拌之。

【山楂羹】 把山楂糕一塊，放於玻璃杯中，和入白糖，桂花，米等，卽以開水冲下，調勻可食。極爲簡便而味美。

【小米糖】 用黍米炒熟，次用白糖入鍋煎至濃厚，牽絲成漿，倒入盤內，幷將黍米加上拌勻，鋪平上面撒以胡桃仁瓜仁肉等品，凝結後切片而食。

【重陽糕】 栗子用水煑熟，去殼及衣，搗碎，和入黃糖糯米粉，入鍋蒸煑，上面加些黃糖瓜子肉，松仁，等物蒸熟爲止。

書名：五百種食品烹製法
系列：心一堂•飲食文化經典文庫
原著：【民國】方笛舫
主編•責任編輯：陳劍聰

出版：心一堂有限公司
通訊地址：香港九龍旺角彌敦道六一〇號荷李活商業中心十八樓〇五一〇六室
深港讀者服務中心：中國深圳市羅湖區立新路六號羅湖商業大厦負一層〇〇八室
電話號碼：(852) 67150840
網址：publish.sunyata.cc
淘宝店地址：https://shop210782774.taobao.com
微店地址：　https://weidian.com/s/1212826297
臉書：　　　https://www.facebook.com/sunyatabook
讀者論壇：　http://bbs.sunyata.cc

香港發行：香港聯合書刊物流有限公司
地址：香港新界大埔汀麗路36號中華商務印刷大廈3樓
電話號碼：(852) 2150-2100
傳真號碼：(852) 2407-3062
電郵：info@suplogistics.com.hk

台灣發行：秀威資訊科技股份有限公司
地址：台灣台北市內湖區瑞光路七十六巷六十五號一樓
電話號碼：+886-2-2796-3638
傳真號碼：+886-2-2796-1377
網絡書店：www.bodbooks.com.tw
心一堂台灣國家書店讀者服務中心：
地址：台灣台北市中山區松江路二〇九號1樓
電話號碼：+886-2-2518-0207
傳真號碼：+886-2-2518-0778
網址：http://www.govbooks.com.tw

中國大陸發行　零售：深圳心一堂文化傳播有限公司
深圳地址：深圳市羅湖區立新路六號羅湖商業大厦負一層008室
電話號碼：(86)0755-82224934

版次：二零一四年十一月初版，平裝

心一堂微店二維碼　心一堂淘寶店二維碼

定價：
港幣　七十八元正
人民幣　七十八元正
新台幣　二百九十元正

國際書號 ISBN 978-988-8316-08-3